JN026589

教養としての 科学の歴史

鴈野　重之　著

学術図書出版社

はじめに

　この本は，おもに大学教養課程における科学史の教科書として使用することを念頭に書かれたものです．しかし，大学生のみならず社会人，科学やその歴史に興味のある中学生・高校生にも十分勉強して頂く価値はあるかと考えています．本書では人類の歴史の中で，いかにして我々が現代的な自然の理解にたどり着いたかを，その歴史を紐解きながら紹介しています．我々が自然を理解し，それを現代のテクノロジーにまで応用する過程は，決して一本道だったわけではありません．時代ごとにその時点での自然の理解というものがあり，その時代ごとの常識（パラダイム）が形成されてきました．しかし，科学や技術に進展があると，あるときその時代のパラダイムを超えた新しい知見が得られることがあります．このように，いくつものパラダイムを乗り越えることで，自然科学というのは発展してきたのです．そのような自然科学の歴史を追うなかで，自然についての考え方の変遷や，現代的な科学の考え方を紹介していくつもりです．

　自然の理解に関する歴史を学ぶ上では，必ずしも自然科学や数学に関しての高度な知識は必要ありません．本書ではできる限り数式を排し，言葉と図で説明するよう心掛けています．アインシュタインにより提唱された特殊相対性理論の説明で，

$$（速さ）＝（距離）÷（時間）$$

という速さの定義式と，ニュートンの運動方程式として知られる

$$（力）＝（質量）÷（加速度）$$

という，いずれも小学生レベルの数式を用いますが，それ以外のところでは数学的背景は一切必要ありません．理系の学問になじみの薄い方でも特に苦労することなく読み進めて頂けるかと思います．

　むしろ，本当に本書を手に取って頂きたいのは，数学や自然科学へのなじみの薄い（いわゆる）文系の方々です．我々は理系文系を問わず，日常生活で多くのテクノロジーに依存して生きています．電車や自動車，飛行機などに乗り，多くの家電を使い，エネルギーを消費し，インターネットで通信し，GPS により位置情報を得ています．これらの技術は一朝一夕に誕生したものではありません．人類が自然を理解する試みの中から，電気や半導体などを発見し，それを生活に役立てるよう，応用してきたものなのです．そ

れらの技術を漫然と使うのではなく，便利な技術がいかにして手に入れられたかを知ることで，科学技術に対しての有難みが増すとともに，高度な技術を手に入れるために自然科学がいかに重要かを理解してもらえるのではないでしょうか．自然科学なしには，現代にあるような便利な道具は，決して手にすることができなかったのです．

　ところで，この本の筆者である私は天文学者であり，普段は天体についての理論的研究を行っています．従って，本書は科学史の専門家の手による専門書ではありません．筆者は色々な書籍を読んで勉強してきたつもりではありますが，理解にもあやふやな点や事実誤認などもあるかも知れません．記述に疑問を感じたら，是非巻末の参考文献や，その他のより詳しい資料にあたって，より深く調べてみて欲しいと思います．しかしながら，本書の 12 章，13 章あたりの現代的な自然観に関しましては，筆者がリアルタイムに研究している部分でもあるので，21 世紀に入って以降の現代的な視点も取り入れています．もちろんこの中には，将来的には「やはり間違いだった」ということになるものも含まれているかもしれませんが，それも科学の歴史の生きた資料となるのではないかと思います．

　また，筆者の専門性や限られた紙面ゆえ，生命科学や物質科学など，数物系科学から離れる分野については詳述することができませんでした．自然の理解の歴史の中で，これらの分野が重要でなかったというわけでは決してありませんので，ご理解ください．

　本書の執筆にあたり，有馬信一さんには原稿を詳しく読んで頂き，コメント頂きました．ここに感謝を表します．学術図書出版社の高橋秀治さんにも大変お世話になりました．

　最後に，本書が読者の皆さまにとって「教養」を身につける上での一助になれば幸いです．

　　2020 年 9 月

　　　　　　　　　　　　　　　　　　　　　　　　　　　　鴈野重之

目　　次

第1章

人類の誕生と文明の成立

人類が誕生したのは数百万年前であるが，人類が文化的な生活を送るようになり，自然についての探求を始めるまでには少々時間が必要であった．その過程では，火の利用や金属の活用など，人間が高度な文化を手に入れるために必要であった発見・発明がなされていった．文明がめばえ，国家が形成されると，その中で自然科学が生まれる下地が形成されていくこととなる．

1.1　道具の誕生

人類の誕生はいまから 400 万〜200 万年前にさかのぼる．このころ，現在の人間の先祖であるホモ・ハビリスが，現在の猿やチンパンジー，ゴリラなどの先祖から分化したと考えられる．正確なところはよくわかっていないものの，人類の先祖は約 250 万年前には道具を使っていたと考えられている．初期の道具は石を叩き割って作った斧やナイフ，ハンマーなどで，打製石器と呼ばれる原始的な道具である．動物の皮，骨や角，植物の蔓や枝を使った道具も同時期には使われていたと思われるが，これら動植物由来の道具は腐食するなどして，長い時間形をとどめておくことはできない．したがって，これら石以外の材質で作られた道具の歴史については明らかにすることはできない．いずれにせよ，道具の歴史は人類の歴史の比較的早い段階で始まったと考えられる．つまり道具の歴史は人類の歴史とほぼ重なるのである．

しかし，道具を使うのは人間の専売特許というわけではない．野生動物の中にも道具を使うものは多く存在する．野生の猿は，木の枝を使って穴から

虫をほじくり出して食べたり，石を使って木の実を割ったりするなど，器用に道具を使う．また，カラスも石や木の枝などを道具として利用する．ラッコも石を使って貝殻を割って食べる．このように道具を使う動物に関しては枚挙にいとまがない．また，大規模なダムを建設するビーバーや，高度に機能的な巣を作るミツバチなど，建築技術を持った動物も多数存在する．しかし，これら動物の使用する道具と人間の使用する道具には決定的な違いがある．それは，人間は道具を使ってさらに使いやすい道具を作るという点である．このように，道具を使って別の道具を加工することを「道具の二次加工」と呼ぶ．道具を使う動物は多くいても，二次加工を行うのは人間だけである．これに対し，動物が使うような道具，つまり，自然にあるものをそのまま，あるいはわずかに加工して道具として用いることを「一次加工」という．

　人類はより高度な道具を作成し使用するために試行錯誤を重ねるとともに，知能を発達させてきた．あるいは，知能が発達したがために，より高度な道具を作成し，利用できるようになってきたのである．知能の発達が先か，道具の発達が先かは，まさに鶏と卵の関係にあるともいえるだろう．

　先に紹介した通り，人類が初期に使っていた道具（の中で現在証拠が残っているもの）は，石を叩き割って形を整えた打製石器である（図 1.1）．これは単純な道具であり，叩く，潰すなどの原始的な作業に適していた．しかし，より高度な作業を行うには，より発達した道具が必要となる．そのために生まれたのが叩き割った石を，別の石などで削ったり磨いたりして作る磨製石器である．このような加工により，石器を使って，切る，はがす，掘る，削る，穴をあけるなど，より高度な作業を効率的に行うことができるようになった．磨製石器は，それ自身道具として用いられるほか，新たな道具を作るのにも用いられた．たとえば，素手での加工が難しかった動物の骨，角，皮，筋，貝殻を利用した道具の作成に使われたと考えられる．このように，道具を用いて道具を作り，その道具を用いて，さらに高度な道具が作られる．このようにして人類はより高度な道具を発明し，過酷な生存競争を勝ち抜いてきたのである．

図 1.1 石器の写真. 人類は初期の段階から, 石を割ったり削ったりすること
によって, 便利な道具を作り出していた. 左の写真：National museum of iran
(https://commons.wikimedia.org/wiki/File:Biface_(trihedral)_Amar_Merdeg,
_Mehran,_Ilam,_Lower_Paleolithic,_National_Museum_of_Iran.jpg), grayscaled by
none., https://creativecommons.org/licenses/by-sa/4.0/legalcode. 右の写真：
Didier Descouens (https://commons.wikimedia.org/wiki/File:Fleche_Cartailhac
_MHNT_PRE_2009.0.9232.1_Fond.jpg), grayscaled, https://creativecommons.org/
licenses/by-sa/4.0/legalcode

1.2 火の利用

初期人類は誕生してすぐに道具の加工を始め, つぎつぎと便利な道具を作
り出していった. そして, 諸説あるものの, いまから約 40 万年前には, 人
類の進歩にとって決定的な転機が訪れることになる. それが, 火の利用の開
始である.

自然界において, 火の発生を伴う事象は多く発生する. たとえば, 落雷や
乾燥時の山火事, 隕石の落下, 火山の噴火などである. 人類が動物から分化
して間もないころ, これらの自然現象により発生する火は, 恐怖の対象で
あっただろう. しかし, あるとき, おそらく人類の中で好奇心にあふれた勇
気ある個体が, この火を採火し, 利用しようと考えたのであろう. やがて人
類は, 木の棒をこすり合わせて摩擦熱を用いて着火する方法や, 火打石の発
見により, 好きな時に自由に火を利用できるようになる. はじめのうちは,
火は野生動物を追い払ったり, 冬場に暖を取ったりするのに利用されたと思
われる. やがて, 当初のような原始的な目的以外にも, 様々な火の利用方法
が確立されていくのである. そして, 人類の繁栄を決定付けるほど重要な火
の用途が確立されていくことになる.

　火が人類にもたらした大きな恩恵の一つは，食品の加熱調理である．石器時代の遺跡から調理道具と思われる道具が多数出土していることから，人類は遅くとも数万年前には調理をしていたようである．道具を使わずに肉を焼くなどの簡単な加熱調理に関しては，おそらくは火の利用が始まってから比較的すぐには始められていたのではないだろうか．火を用いて調理することにより，それまで生で食べていた食材を，よりおいしく，食べやすく変えることができる．しかし，加熱調理による真の恩恵は，加熱することによりそれまで食用に適さなかった植物も食用とすることができるようになったことである．加熱することによって初めて口にできるようになった食物とは，生で食べると食中毒を起こす芋類や，生では硬くて食べられない米や麦などの穀物などである．現在では人類の主食になっている米，麦，芋などが加熱調理により食用にできるようになったため，人類が口にすることのできる食物は大幅に増えたこととなる（図1.2）．しかも，これらの作物は比較的簡単に畑で栽培することができ，人類は庭先で栄養価の高い食料を容易に手にすることができるようになったのである．これは，食うや食わずの狩猟採集生活を営んでいた当時の人類にとっては画期的な改革であっただろう．米や麦，芋は栄養価も高く，人類が多大なエネルギーを使う脳を維持するのに役立ったかもしれない．初期の農耕は失敗も多かったようで，栄養状態は狩猟採集民の方が良好であったとの説もあるが，人類は最終的には農耕生活を主な生活スタイルとするようになっていく．

図1.2　主食の写真．米，麦，芋などは加熱調理することによって食べることができるようになった．

図 1.3 土器の写真．粘土を固めて焼いた土器も，火を使えるようになったことにより作ることができるようになった．左の写真：Chris 73 / Wikimedia Commons (`https://commons.wikimedia.org/wiki/File:Middle_Jomon_Period_rope_pottery_5000-4000BC.jpg`), "Middle Jomon Period rope pottery 5000-4000BC", grayscaled by none., `https://creativecommons.org/licenses/by-sa/3.0/legalcode` 右の写真：I, Sailko (`https://commons.wikimedia.org/wiki/File:Periodo_kofun,_haniwa,_figure_danzanti,_VI_sec.JPG`), "Periodo kofun, haniwa, figure danzanti, VI sec", grayscaled by none., `https://creativecommons.org/licenses/by-sa/3.0/legalcode`

　加熱調理と並んで人類の進歩に重要な役割を果たした火の利用方法が，土器の作成である．土器の作成と利用は 2 万年〜1 万 5000 年前に始まったとされる．いつ人類が土器を作り始めたのか，正確なところはわかっていないが，日本で出土する縄文式土器は土器発明のかなり初期の段階のものであるといわれている（図 1.3）．土器は，粘土を水で練って形を整え，火中で焼き固めたものであるが，原始的なものであってもその用途は多岐にわたる．まずは土器により壺状の容器を作成することにより，食料や水の貯蔵や輸送が効率的に行われるようになる．以前にも植物で編んだ籠や，動物の皮袋などは使われていただろうが，形が安定して長期にわたって使用できる土器の発明は，これらの用途では非常に有益であっただろう．また，土器の鍋により，食物の煮炊きができるようになったり，植物の汁を発酵させて酒を造ったりすることが可能となった．酒の歴史は古く，7000 年前の土器にはすでにアルコールを醸造していた痕跡が見られる．また，植物の汁を用いて衣類を染めるのにも用いられたほか，さまざまな祭祀儀礼の道具も土器により作り出された．日本人になじみの深い土偶や埴輪などは，祭祀儀礼のために作られ

た土器の代表例である（図 1.3 右図参照）．

1.3　国家の誕生

　火を用いた調理により食用植物が飛躍的に増えたことは，農耕の開始につながる．人類が農耕を始めたのは，石器時代の後期，いまから 1 万 5000 年ほど前であると考えられている．初期の農耕でも，稲や麦，芋類など，現在われわれが口にしているのと同種の植物が栽培されていたらしい．1 万年前に農耕生活が本格的に始まったのは，農耕により比較的簡単に収穫できる作物が，加熱調理により食用とできるようになったためであるほか，この時期の気候変動が大きく関わっているといわれている．現在の地球は氷河期の中にあるが，その中でも比較的暖かい間氷期と呼ばれる時期にある．しかし，1 万年ほど前の地球は，ちょうど間氷期の前の最終氷期の寒冷な時期にあった．この時期にマンモスなどが絶滅し，狩猟採集民としては高度な文明を持っていた北米のクロービス文明が滅びている．寒冷化により野生の木の実や果物，動物などの数が激減し，従来の狩猟採集生活では十分な食料を確保できなくなり，人類は自ら食料となる植物の栽培を始めざるを得なかったという説もある．

　農耕の開始は，人類の生活スタイルを根本から変える一大イベントであった．狩猟採集生活では，獲物の多い地域，植生の豊かな土地を求めて移動生活を送るが．一方で，農耕中心の生活に生活スタイルが変化すると，少なくとも種まきから収穫までは同一の土地で過ごすこととなる．また，農耕には肥沃な土地と豊かな水が必要であり，これらの確保が容易な川沿いに人類が定住することになる．農耕に適した土地には多くの人が集まってくるために，ひとたび人類が定住生活を始めると，人口の増加が始まる．それまでは家族単位，部族単位での生活だったものが，集団の規模が次第に大きくなり，村や町，さらには国家と呼べるような大きな集団が誕生する．肥沃な土地と豊かな水源を確保している限り，その土地では計画的な食料生産を行うことができる．食料を安定的に供給できるようになると，供給量に応じて人口が増加する．労働人口が増えれば，新しい土地を開墾し，食料生産をさら

に増やすことができる．このようにして，肥沃な土地では人口は増加の一途を辿っていく．

このような人口の増加と食料生産の安定化は，集団の中で職業の分化を進めることとなる．以前の狩猟採集生活においては，労働力の大半を食料探しに費やす必要があったが，計画的食料生産が可能になってからは，すべての労働力を食料確保に割かなくとも十分な食料を生産することが可能となった．こうして生まれた余剰労働力は，職人や大工，商人，さらには軍人や官僚，神官や支配者階級へと分化していく．また，農耕に適した土地は川沿いなどに限られており，それ自身非常に価値があるため，他の敵対的集団にその土地を奪われないため，一致団結して自分たちの土地を守る必要がでてくる．こうして，同じ土地に住む住人達が強固な関係性を持った集団を築き上げることにより，世界中のいくつかの場所に原始的な国家が生まれることになるのである．

人間はかなり早い段階から宗教的な制度を持っていたと思われる．そして国家が誕生し，より多くの人々を共同体としてまとめ上げるうえで，宗教は非常に力を発揮する．それまで部族や村の宗教指導者だった神官や巫女が，国の権力を握り，やがては国王という存在にのし上がっていくのである．同時に食料調達の効率化で生まれた余剰な労働力を，職人や大工などの専門分野に振り分け，知識や技術を深化させていくことで，各職種の効率化が進んでいく．また，商人という新しい職業も国家の成立と前後して誕生する．職人と農民の分化によって，農民の作る農作物と，職人の作る工芸品を交換して，お互いに利益を得る必要が出てくるが，これを取り持つ存在が商人である．また，農耕の開始とともに定住生活を始めると，その土地その土地によって特産品というものが生まれる．その特産品を村と村，国家と国家の間で交換する仲立ちも商人の役割であった．このようにして，原始的国家は現代にあるような様々な機能を備えていくようになっていく．

1.4   古代文明の成立

　初期の国家は前述の通り，肥沃な河川の流域に集中して誕生した．その中でも特に大きな発展を遂げたのが，図 1.4 で示したいわゆる四大文明と呼ばれる古代国家である．これらはすべて，大陸規模の巨大河川である黄河，ナイル川，チグリス・ユーフラテス川，インダス川の沿岸で発展した．これらの文明に共通しているのは，農業を行ったり，生活用水として用いたりする水資源を確保するための水利用に長けていた点である．とくに水路やダム，用水技術などの農業用灌漑設備や，都市生活を便利にするとともに衛生環境を向上するための上下水道など，優れたインフラを有していた．アンデス山脈やアジア太平洋地域でも紀元前に優れた遺跡を残した文明がいくつか存在するが，四大文明がこれらの点と異なるのは，独自に（解読可能な）文字を発明し，文明の記録を後世に伝えている点である．また，四大文明に共通している点として，高度な建築技術があげられる．エジプト文明は巨大ピラミッド群で有名であるが，その中でも最大のクフ王のピラミッドは，紀元前 26 世紀の建築時の高さが 150 m にも達していたとされる．これは，以後 2000 年以上の長きにわたって，人口建造物として世界最高の高さを誇っていた．また，レンガで築かれた巨大建築である，メソポタミアのジッグラートや，優れた上下水道施設で有名なインダス文明のモヘンジョダロ，いまだに全容が解明されていない世界最大級の墓所である中国の始皇帝陵と兵馬俑など，数千年前とは思えないほどの進んだ建築技術を用いられた遺跡が残っている．これらの高度な建築技術は，国家誕生以来，職人や大工などの技術者が培ってきた技術と発明に裏打ちされたものである．ジッグラートの建築材料である焼きレンガの発明は，軽くて丈夫で長持ちする建築素材として大変重要なものである．さらに大規模建築に用いられたと考えられるコロやてこ，車輪やくさびの発明は，ピラミッドで用いられているような巨大な石を切り出し，運搬するのには欠かせなかった．このような建築機材などの道具には，材料として金属が利用された．金属は木や粘土，動物の骨や皮にくらべ格段に丈夫であり，金属の利用により人類が行うことのできるようになった作業や，開発された技術は飛躍的に広がったと考えられる．

図 1.4　四大文明．初期の国家は水の調達が用意な大河のほとりに栄えた．有名な四大文明（黄河・インダス・メソポタミア・エジプト）以外にもインカ・クロービスなどのアメリカ大陸の文明や，ストーンヘンジなどを作ったヨーロッパの文明もあったが，文字が残っていないため詳しいことはわかっていない．

　人類が金属の利用を始めたのは今から 8000 年前頃といわれている．もっとも，当時は金属を精錬・加工する技術はまだなく，偶然見つけた自然の金属塊を利用するにとどまっていた．それが，約 6000 年前頃になると，人間は自然に存在する鉱石から金属を精錬し，加工する技術を身に着けはじめる．はじめに人類が利用した金属は銅であった．これは，銅の融点が 1200 ℃ と比較的低く加工が容易だったためであろう．融点が低いといっても，たき火などでは 1000 ℃ を超える温度にはならないため，銅の精錬には炉の建設や，鞴（ふいご）のような送風装置，それに木炭などの高熱量の燃料の利用が不可欠である．そして，約 3800 年前になると，青銅の利用が始まる．青銅とは銅にスズという金属を少量混ぜた合金で，銅よりも加工しやすいうえ，強度も大幅に向上する．青銅の発明により，脆弱な銅では作れなかった，のこぎり，斧，ナイフ，武器などの道具や，複雑な形状の日用品を作ることが可能となった．

　人類にとってさらに有用な金属が，鉄である．鉄の利用がいつごろ始まったのかはさだかでないが，4000 年前頃から現在のトルコで利用が始まったとされる．初めて鉄の精錬に成功したのは，当時トルコ周辺で勢力を誇っていたヒッタイトという国家である（図 1.5）．しかし，彼らは鉄の精錬手法を門外不出の秘密としたため，いつごろ鉄の精錬に成功したのかは謎のままである．鉄は融点が 1500 ℃ と高いため，当時の炉と燃料では純粋な鉄を鉱石から取り出すことはできなかった．そこで，鉄鉱石を低温で熱してできるス

ラグという燃えカスを利用したらしい．スラグは鉄の細かい結晶と炭素がまざりあった状態で，そのままではボロボロで役に立たない．しかし，このスラグをハンマーなどで叩いてやると，スラグ中に分散している鉄の小さな粒同士がくっついて次第に大きな塊となり，純粋な金属鉄に近くなっていく．このようにして加工された鉄は，銅よりもはるかに強く丈夫であり，この鉄器を駆使してヒッタイトは周辺地域を次々に支配下におさめていく．

　紀元前1200年頃，ヒッタイトが内紛と食糧難によって滅びると，それまでヒッタイトが囲い込んでいた鉄の精錬技法が，徐々に地中海沿岸地域に漏れ伝わっていくこととなる．鉄は丈夫で粘り強く，さまざまな道具に応用して，作業効率を上げることに貢献した．鉄を用いた丈夫な農具の利用により，それまでは進まなかった荒地の開墾が進み，農業生産性が増加した．また，より丈夫な武器や戦車の利用により，強力な軍隊を整備できるようになった．このように，製鉄技術を受け継いだ国から順次周辺地域よりも発展し，強い力を獲得していくこととなる．こうして，強力な軍隊を駆使した周辺地域の武力征服と奴隷化が地中海世界で活発となるとともに，国家間の交易が活発化し，オリーブ，ぶどう，陶器，銀などが地中海世界一帯に広まる．それとともに，地方ごとの特産品に付加価値をつける手工業や，交易に用いられる造船業が飛躍的に発展するのも紀元前1000年頃からである．このような状況の下，地中海世界で覇権を握り，文化的発展を遂げたのが古代ギリシャであり，この古代ギリシャで科学の芽が芽吹くこととなる．

図 1.5　地中海，ヒッタイトの位置．アナトリア半島，現在のトルコに位置する．この一帯で鉄の利用が始まり，やがてギリシャなど地中海地域に広がっていった．

第2章

科学の誕生

　大きく繁栄した古代ギリシャでは，学問に勤しむゆとりができた．その中で，とくに自然について思索を巡らせる自然哲学者たちが現れ，体系的に自然を理解するための活動が始まることとなる．この自然に対峙する初期の段階で形成された自然観は，その後長きにわたり，人間の自然の理解に大きな影響を残すこととなる．

2.1　古代ギリシャの自然哲学

　古代，国家が出来，職業が細分化するとともに「学問」と呼べるものが芽生え始める．国家として多くの人口を賄うには，効率的に農作物を栽培・収穫しなくてはならない．そのためには，作物の発芽環境や成長方法などの科学的知識を用いた生産活動が不可欠である．また1年を通じた気候変化と農作業の日程を知るための暦を作ることも必要となる．作られた作物の管理や分配をするためには，農地管理のための測量技術や計算法もなくてはならない．このような理由から，まず天文学と数学が学問として系統的に研究される対象となったことが理解できる．作物の種まきの時期や，雨季乾季の時期を正確に知るための暦作成には，天体観測の技術と天体の運行に関する知識の集積が必要となる．この必要から天文学を研究する専門職が神官や農民などとは独立して誕生することとなる．また，職業天文学者が得た天体の運行データを計算したり，農作物の分配を司ったりする，数学の知識を持ったものも大きな力を持つようになる．生活に密着した音楽や修辞学なども文明の

かなり初期段階から学問とみなされていたと思われる．そして，これらの学問が体系化されたのが，古代ギリシャである．

　古代ギリシャではポリスと呼ばれる都市国家が繁栄し，各々のポリスが緩やかな同盟を組み，ギリシャからトルコにかけてのエーゲ海沿岸地域全体で一つのまとまりとなっていた．このギリシャからトルコ一帯で花開いた文化をヘレニズム文化と呼び，遠くガンダーラの仏教遺跡や，日本の奈良地域の寺社建築にまで影響を与えた．ギリシャでは紀元前 2000 年頃より文明が繁栄と衰退を繰り返してきたが，紀元前 8 世紀頃からポリスが形作られ，最盛期を迎える．とくにポリス連合の首都的存在であったアテネでは巨大な神殿建築が築かれ，当時の建築技術の水準の高さを物語っている（図 2.1）．アテネのアクロポリスに林立する神殿群や，市内の水道設備などは当時の石造建築の最先端を行くもので，ヒッタイトから流出した鉄器加工技術を生かした車輪や滑車，フックなどの道具が建築に使用されたと考えられる．ギリシャは四大文明の発展した地域などとは異なり，土地が肥沃ではなく，農業生産

図 **2.1**　アクロポリスの写真．本書では「古代ギリシャ」と一括りにしているが，当時のギリシャは多くの都市国家がひしめき合っていた．その中でもとくに有力だったのが，アテネとスパルタである．アテネでは哲学をはじめとする洗練された文化が芽生え，多くの壮麗な建築物がつくられた．一方スパルタは強力な軍事力を有し，「スパルタ式教育」のように非常に厳しい訓練の代名詞ともなっている．Harrieta171 (https://commons.wikimedia.org/wiki/File:Acropolis_Athens_in_2004.jpg), "Acropolis Athens in 2004", grayscaled by none., https://creativecommons.org/licenses/by-sa/3.0/legalcode

性は高くなかった．そこでギリシャ人は積極的に海外に植民地を建設し，肥沃な土地の植民都市から小麦などの食料を輸入した．この過程で，ギリシャでは特に交易や人の行き来が盛んになり，経済的にも余裕ができるようになる．このような土壌の中で，ギリシャでは学問を専門に行う専門職，つまり学者・教員という職業が誕生する．ギリシャで特に好まれた学問は，世の中や社会の仕組みや成り立ちについて考える哲学であった．当時の哲学は世界の成り立ちにまで適用範囲を広げており，自然や自然現象について観察し，その背景について考察することも哲学の範疇であった．このように，特に自然現象に関心を持った哲学の一分野を自然哲学と呼ぶ．自然哲学こそ，現在の科学のさきがけと言えるものであった．そして，古代ギリシャの自然哲学者の中で，後世にまで大きな影響を与える哲学者が現れる．それがアリストテレスである（図2.2）．

図 2.2　アリストテレス胸像写真（Wikipedia）．アリストテレスはアテネで哲学者プラトンに師事した後，マケドニアのアレクサンドロス大王の家庭教師をつとめた．アレクサンドロス大王はその後ギリシャ，中近東，北アフリカまで勢力を伸ばし，エジプト北部に港湾都市アレクサンドリアを建設した．このアレクサンドリアが，後の自然哲学の中心地となる．

　アリストテレスは紀元前384年頃ギリシャ北部マケドニアで生を受けた哲学者であり，プラトンやソクラテスと並び，古代ギリシャの三大哲学者に数えられることもある．また，アレクサンドロス大王の家庭教師を務めたほか，アテネの学園を主宰し，多くの弟子を育てた．アリストテレスは550巻

にも及ぶとされる膨大な書物を残したが，そのなかで，人類史上初めて自然
や世界に関する体系だった考察を行った．後述するように，科学と哲学が分
離されるのは 17 世紀に科学革命が起こってからであり，それ以前は自然に
関する学問は自然哲学という哲学の一分野であった．アリストテレスはこの
自然哲学の歴史を通して，長きにわたって影響を及ぼす標準的な世界観を残
したのである．

　アリストテレスの考えた世界の成り立ちは次のようなものであった．ま
ず，世界は天上世界と地上世界に大きく二分される．これらの世界の中心は
地上世界である地球であるが，地球の周りには星々が張り付いた天球が回転
している．火星や木星などの惑星や月と太陽が乗った天球が順に地球を取り
巻き，最も外側には世界を動かす動力となる恒星の乗った天球が回る（図
2.3）．このような世界観は，動かない地球に対して天の星々が動くという意
味から，「天動説」とも呼ばれる．天球や天球に乗った星々は完全な球であ
り，天球は神々の住む完璧な天上世界である．天球の間にはエーテルという
地上には存在しない気体でみたされている．一方，地上は人間の住む不完
全な世界で，地上の物質は土・水・空気・火の四大元素の組み合わせでなり
たっている．そして，様々な物質の振る舞いは，含まれる四大元素の性質に
よって決まると考える．例えば土の元素を含む物質は土に帰ろうとするの

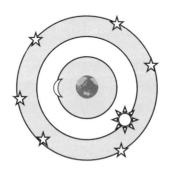

図 2.3　天動説の概念図．アリストテレスの宇宙観では，地球が宇宙の中心を占めている．地
球は天球とよばれるいくつかの透明な球体で覆われており，これらの天球に太陽や月，惑星な
どの天体が貼りついており，地球の周りをまわっている．最も外側の天球には夜空を彩る星々
（恒星）が貼りついている．天球や天球同士の間は，エーテルと呼ばれる天界にしかない物質で
満たされており，四大物質でできた地球上の物体とは区別されている．

で，下に向かって落下するが，火の元素の割合が高い物質は逆に浮かび上がろうとするのである．このような世界観はエンペドクレスなどの先人のアイデアを部分的に借用しているものの，系統的に世界を理解しようという初の試みであり，当時の知識と観測手法から考えられる中で最高の合理性と論理性を兼ね備えていた．この合理性と論理性，そして理論の美しさと完成度の高さから，アリストテレスの考えた世界観は，その後 2000 年近くの長きにわたり地中海周辺世界に浸透していくこととなる．

アリストテレスがはじめて「科学」と呼べるものを作り出したのと同時代，古代ギリシャでは「医学」も誕生する．紀元前 4 世紀に活躍したヒポクラテスとその弟子達は，医学の誕生において最も重要な役割を果たした．ヒポクラテス派の第一の業績は，それまで呪術と不可分であった医学を，呪術から独立させたことである．それまで，病気というのは環境によるだけではなく，呪いや神の意志によって起こるものと考えられていた．しかし，ヒポクラテスらは，著作「流行病」「空気・水・場所」の中で，一部の病気は人から人へと伝染すること，また水や空気，食事などが悪いと病気にかかることを明らかにした．例えば，腐った食べ物を口にすれば腹痛になることは現代では常識であるが，当時は食事と病気の因果関係は自明ではなかったのである．また，医療に従事するものは患者の利益を追求すべしという「ヒポクラテスの誓い」により，医学倫理を確立した．ヒポクラテス派の業績は，後述するガレノスにより後世に伝えられ，特にヒポクラテスの誓いは現代でも引用される医学倫理の金字塔となっている．

さらに，ギリシャ時代に活躍した哲学者・発明家として，アルキメデスを忘れることはできない．アルキメデスは紀元前 3 世紀にシチリア島の自治都市シラクサで活躍し，とくに浮力の発見で有名である．王冠が本物の金でできているかの鑑定を依頼されたアルキメデスは，入浴中に浮力を用いた比重測定法を思いつき，「エウレカ！（よし，わかった！）」と叫んで裸のままで駆け出していったという伝説が残っている．浮力の発見のほか，ネジの発明や，円周率の測定，放物線に囲まれた面積の計算など，その業績は枚挙にいとまのないほどである．

　紀元1世紀頃になると，エジプトの港湾都市，アレクサンドリアが世界最大の学問都市として繁栄する（図2.4）．アレクサンドリアはマケドニアのアレクサンドロス大王がエジプトを征服し，クレオパトラとの共同統治を始めてから築かれた都市である．アレクサンドロス大王の死後は，アレクサンドロス軍の将軍であったプトレマイオスがエジプトのファラオとして即位し，ギリシャ系のエジプト王朝であるプトレマイオス朝を起こして，その首都とされた．当時すでに数千年にわたる歴史を持ったエジプトと，古代ギリシャなど南欧州の先進国との交差点として栄えたアレクサンドリアには，世界中の知識人が集まることとなる．彼らの便宜を図るため，アレクサンドリアには当時世界最大の図書館が設立された．この図書館には世界中の書物が集められ，研究されるとともに写本が作られていった．数万冊ともいわれる蔵書は古代ギリシャやエジプト，中近東地域の知識の集大成であり，書物を求めて多くの研究者がこの地に集まることとなった．後述するように，アレクサンドリアに集積された知識は，後にこの地を支配するイスラム勢力の知識の源泉となる．

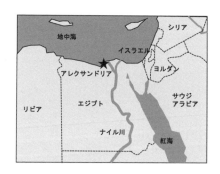

図 2.4　アレクサンドリアの地図．アレクサンダー大王により築かれた地中海に面した港湾都市であった．プトレマイオス王朝エジプトの首都であり，多くの哲学者が集う学術都市でもあった．

2.2　古代ローマの科学と技術

　ギリシャに次いで発展を遂げたのがローマ帝国である．ローマはイタリア半島中部，テヴェレ川流域に起こった都市国家である．伝説によれば，紀元

前 8 世紀, オオカミに育てられた双子のロムルスとレムスがこの地に町を築いたのがローマの歴史の始まりであるとされる. その真偽はともかくとして, 紀元前 7 世紀頃には都市国家の 1 つとしてある程度の力を持っていたようである. 紀元前 5 世紀に共和制に移行してからは, 周辺地域を徐々に支配下におさめていく. 当時アフリカ北部に栄えていたカルタゴと地中海の覇権をかけて激しく争い, 100 年を超えるポエニ戦争に勝利して, 地中海世界を支配するに至った. そして紀元前 1 世紀にユリウス・カエサルが実権を握ると, またたくまに領土を拡大し, グレートブリテン島を北限とする西ヨーロッパ全域と北部アフリカ, オリエントまでも領土に含む, 広大な帝国にまで成長した.

この時代, ローマ支配化に入ったアレクサンドリアにおいて活躍した自然哲学者を語る上で外すことができない巨人として, プトレマイオスが挙げられる. プトレマイオスは紀元 1 世紀にアレクサンドリアで活躍したギリシャ系ローマ人である. その業績は天文学, 数学, 測地学, 音楽など多岐にわたるが, とくに古代ギリシャ天文学の集大成ともいえる天文学書「アルマゲスト」は後世に大きな影響を与えた. アルマゲストの中でプトレマイオスは, ギリシャ時代に確立された天体観測法や, 数学的知識を用いた天体の軌道計算法, 天体観測に基づく測地法などを記した. この資料は, 後にアラビア語に翻訳され, イスラム世界での学問の発展に寄与したほか, 古代ローマでの自然哲学の標準的なテキストとしても採用され, 中世ヨーロッパ科学の基本となる. プトレマイオスは宇宙の成り立ちを語る上で, 地球を中心として星々がその周りを回るというアリストテレス的な天動説の立場をとっている. 彼はアリストテレスの宇宙観に修正を加え, 非常に精度よく惑星の運行を計算する手法を確立した. このことから, 後に 15 世紀にコペルニクスらが現れるまでのヨーロッパの常識として, 天動説がしっかりと根を下ろすことになるのである. また, プトレマイオスは天体観測の便宜上, 夜空の星々を「星座」に分割した. 彼の策定した 48 の星座は現在でも用いられているほか, 占星術のルーツともなった.

ギリシャ～ローマ時代を通じて, 後世の科学に最も大きな影響を及ぼした

人物の一人として，ガレノスがあげられる．彼もまたアレクサンドリアを拠点として活躍した知識人の一人である．ガレノスは紀元 129 年にペルガモン（現在のトルコにあり，当時はギリシャ文化圏に含まれる一大都市国家であった）で生まれ，のちにローマ皇帝の五賢帝の一人，マルクス・アウレリウスの主治医となる人物である．ガレノスは多くの著作を残しており，その中のいくつかは 1500 年後のルネサンスまで読み継がれることとなる．ガレノスの残した著作で重要なものは，ヒポクラテスらの業績を伝えるものである．ヒポクラテス派が培った医学的知識は弟子に受け継がれる形で継承されていたが，それを文章として残したのがガレノスである．ガレノスがいなければ，ヒポクラテスらの業績は歴史のどこかで失われていただろう．また，ガレノス自身の手によって得られた，多くの医学的知識が文書に残されている．ガレノスは多くの手術を行ったことで知られている．腫瘍の切除のような簡単な外科手術から，白内障の手術のようにほとんど成功しない無謀な手術まで執り行ったとされている．また，動物の解剖を積極的に行い，生命の仕組みについて多くのことを明らかにした．たとえば，血管を伝わって血液が体を巡ることや，人間は心臓ではなく脳でものごとを考えていることを明らかにしたのもガレノスであるといわれる．しかし，彼の残した莫大な書物のなかには正しいものもある一方，医学的生物学的に正しくない記述も数多く含まれていた．ガレノスの残した教科書は長きにわたり，ヨーロッパおよびアラビアでの医学の標準的な教科書として使われることとなるが，後に 17 世紀にヨーロッパで科学革命がおこる際には，古代知識の妄信についての象徴的な存在となる．

　アレクサンドリアでの自然哲学の発展は上述の通りだが，ヨーロッパ大陸において，ローマ帝国では数学や哲学など世界の調和などに関心を持ったギリシャとは対照的に，実利を重視する傾向が高く，現在でいうところの工学のような実学に対する関心が高かった．したがって，ギリシャから受け継いだ自然哲学の中で，アリストテレスをはじめとする自然哲学者たちの遺産はローマ帝国本国では徐々に失われることになる．それに対し，土木技術などは多いに発展する．ローマに残るコロッセオやフォロ・ロマーノなどは，当

時の石造建築の技術の高さを今に伝える巨大遺跡である．コロッセオは円形
闘技場で，剣闘士と猛獣の戦いや，さまざまな見世物でローマ市民を楽しま
せた娯楽施設である．内部には剣闘士用のシャワー設備や人力のエレベータ
までも備えられていた．このような優れた土木技術がローマ帝国発展の大き
なカギとなる．また，異民族の侵入に備えて北部ヨーロッパに築かれた防壁
は，グレートブリテン島を東西に横断し，総延長は数百キロに及ぶもので
あった．

　ローマ帝国が地中海世界からグレートブリテン島にいたるまで西ヨーロッ
パ全域までをも支配下に置けた理由の一つに，ローマ帝国の敷設した道路網
があった．ローマは領土拡大とともに，各植民地の主要都市を結ぶ幹線道路
を整備した．これを「ローマ道」と呼ぶ（図 2.5）．それまでの通常の道は土

図 **2.5**　ローマ道（Wikipedia）．石畳を敷き詰めた街道がローマ帝国内
を縦横に結び，物流や行軍をスムースに行うことができた．anonymous
(https://commons.wikimedia.org/wiki/File:RomaViaAppiaAntica03.JPG), "Roma
Via Appia Antica03", grayscaled by none., https://creativecommons.org/licenses/
by-sa/3.0/legalcode

や砂利の道で，雨が降るとぬかるみ，馬車などの通行に支障が出るほか，道
幅も狭く，大きな軍団が素早く移動するのには適さなかった．それに対し，
ローマ道では規格に従って地面より高く盛り土し，その上に小石を敷き，石
畳で表面を覆うという舗装工事が施された．これにより，悪天候時にも馬車
で移動でき，大人数でもゆとりを持って行き来できる上，平地より高い位置
にあるため，敵の伏兵にも対処しやすいという利点があった．このローマ道
を活用して軍隊をスムースに適所に派遣するとともに，地方の情勢をいち早

く中央で把握することができたため，ローマは広大な領土を保持しえたのである．政治軍事面のみならず，街道の整備は商人の行き来も容易とし，ローマ帝国内での交易が活発化し，産業的にも発展を遂げることとなる．

　交通網と並んで，ローマ帝国が力を入れたインフラが水道整備である．大人口を賄うだけの生活用水と農業用水を確保し，かつ疫病を防ぐためにきれいな飲料水を供給することは，都市が発展するためには不可欠な要素である．ローマ帝国はその優れた土木技術力を駆使し，山間の水源から都市まで水道を引き，大都市に新鮮な水を供給した．都市に至るまでの水路は水が自然に流れるようわずかに傾斜し，谷などは水道橋を敷設して乗り越えた．ローマ帝国の植民地には，高さが 60 m，全長が 400 m にも達する巨大な水道橋の遺構が，2000 年近く経った現在でも当時の姿をとどめており，古代ローマの土木技術者の高い技術力を現在に伝えている（図 2.6）．

図 2.6　水道橋写真．写真はフランス南部のニームへと水を運ぶポン・デュ・ガール．世界遺産にも登録されている．ignis (`https://commons.wikimedia.org/wiki/File:Pont_du_Gard_FRA_001.jpg`), "Pont du Gard FRA 001", grayscaled by none., `https://creativecommons.org/licenses/by-sa/3.0/legalcode`

　前述のようにローマ帝国は実学に重きを置く風潮があり，アリストテレス以降花開いたギリシャ的な自然哲学は盛んには研究されなかった．その一方で，ローマ時代に起きた，後の科学の歴史に多大な影響を与える一大変革が，キリスト教の公認と国教化である．1 世紀にイエズス＝キリストの死とともに成立した一神教であるキリスト教は，当初ローマでの皇帝崇拝を拒んだた

めに迫害された．しかし，その勢力を政治的に利用しようともくろんだコンスタンティヌス帝により，313 年にローマ帝国の公認宗教として認められると，4 世紀後半にテオドシウス帝によりローマの国教とされた．これにより，ローマ帝国内ではキリスト教指導者である教父が発言力を持つようになる．当時ローマ随一の知識階級でもあったキリスト教教父たちは，当時の市民が教養として学ぶべきものとされていた教養課程「自由七科」を，キリスト教の価値観に合致するように編纂しなおした．この中には音楽や数学のほか，プトレマイオスの流れを汲む天動説主体の天文学が組み込まれた．このキリスト教的価値観を体現した教養課程が，ローマ帝国崩壊後にキリスト教を引き継いだヨーロッパ世界でもそのまま採用され，ルネサンスが起こるまでの中世ヨーロッパの基本的教養・価値観を形作ることとなる．この時期に制定された自由七科は「リベラルアーツ（教養教育）」として，現代でも大学の一般教養課程の基礎となっている．ちなみに，自由七科の「自由」は，奴隷でない自由市民の教養という意味でつけられている．

　数百年にわたり隆盛を誇った古代ローマも 4 世紀に終焉を迎える．395 年，ローマ帝国は東西に分裂し，ローマを首都とする西ローマ帝国と，コンスタンティノープル（現イスンタンブール）を首都とする東ローマ帝国に分裂する．西ローマ帝国は分裂後，急速に衰退し 100 年を経ずに，476 年に滅亡する．東ローマ帝国は，ビザンツ帝国と名前を変え，15 世紀にオスマントルコ帝国に滅ぼされるまで，ヨーロッパとアジアとの中間でからくも存在を維持することとなる．ローマ帝国の崩壊後，地中海世界の文化・科学技術の中心は，オリエント地域から地中海沿岸で急速に発展したイスラム文化圏が担うこととなる．

第3章

イスラムの台頭

　古代ローマ帝国崩壊後，自然哲学はイスラム教の国々に引き継がれた．イスラム教の国々では特に数学・天文学・錬金術などが重要視され，活発に研究が進められた．この中で，古代ギリシャ・ローマから引き継がれた自然科学の遺産は，さらに独自の発展を遂げることとなる．

3.1　イスラム教の成立

　イスラム教はキリスト教やユダヤ教と同じ唯一の神を信じる一神教で，予言者ムハンマドが授かったコーランの教えが絶対的な正当性を持つとする宗教である．イスラム教は 622 年にムハンマドが現サウジアラビアの都市メッカからメディナに移り，イスラム教国家を築いたことを持って成立したとされる．イスラム教はアラビア半島を中心に急速に広がりを見せるが，初期には後継者争いから一時混乱が見られ，現在でも残るシーア派とスンニ派への分裂が起きる．750 年に現在のイラク周辺にアッバース王朝が起こると，アラビア周辺を征服し，ペルシア湾岸から地中海南東岸にわたる一大王国が形成された（図 3.1）．シルクロードを抑え，アフリカ＝アジア＝ヨーロッパ貿易の要を握ったアッバース王国の首都バグダッドは世界中の富と知識が流れ込み，またたく間に世界で最も進んだ都市となった．アッバース朝の指導者（カリフ）は代々学問を重んじ，バグダッドにアルヒクマ（知恵の館）と呼ばれる科学アカデミーを設立し，学問の研究を庇護してきた．このバグダッドのアカデミーでは古代ギリシャの文献が次々とアラビア語に翻訳されていっ

た．ここで翻訳されたアラビア語訳のギリシャ文献がイスラム諸国での科学の発展に寄与するとともに，後にルネサンス期にヨーロッパへと古代の文化を逆輸入する下地となるのである．かくして，古代ギリシャ・ローマの科学や文化は，衰退するヨーロッパ世界からイスラム世界に引き継がれることとなった．

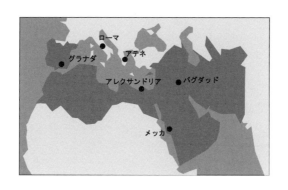

図 3.1 イスラム帝国の版図．8 世紀のウマイヤ朝最盛期には，中東から北アフリカ一帯，それにイベリア半島までもがその支配下にあった．

　イスラム教世界に古代ギリシャ・ローマの知識が伝達されるうえで重要な役割を果たした都市が，エジプトの文化都市アレクサンドリアである．前述のとおりアレクサンドリアは地中海沿岸の港町で，アレクサンダー大王がエジプトを征服した際に建設した都市である．紀元前 1 世紀まではエジプトの首都として発展し，また地中海随一の文化都市として成長した．アレクサンドリアに建設された図書館は当時世界最大であり，多くの書物がこの地に集められ，研究されていた．エジプトを征服したイスラム勢力は，この地中海世界一の学問センターを手中におさめ，これを活用することでギリシャ・ローマの科学文化を引き継いだのである．

3.2　イスラム世界の科学

　バグダッドを拠点に活躍した研究者の一人に，9 世紀に活躍したアル・フワリズミーがいる．彼の重要な仕事の一つは，古代ギリシャでユークリッド（エウクレイデス）が記した整数論および幾何学のテキストを後世に伝えた

ことである．ユークリッド幾何学は19世紀までの幾何学の根底となる重要な公理を形成した，いわば近代数学の原点である．とくに紀元前300年頃に記された幾何学の教科書である「原論」は数学史上もっとも重要なテキストの1つに数えられる．しかし，ギリシャ時代に続くローマ時代，幾何学や整数論のような数学はさほど重要視されず，ヨーロッパではその原典は失われることとなる．それに対し，アラビア世界ではこれらユークリッドに代表される数学や天文学の古典的重要文書が保存され，研究されていく．欧州衰退期にアラビア世界で保存されていたこれらの知識が，後にヨーロッパ世界に逆輸入されることとなる．このようにユークリッドの文書をはじめとする古代ギリシャの文献をアラビア語に翻訳し，研究したのがアル・フワリズミーである．彼は古典の翻訳に貢献したのみならず，彼自身，方程式を駆使して問題を解く数学の一分野である代数学という学問分野を創設している．測量や分配比率の計算に非常に役立った代数学は，のちにヨーロッパに伝わり近代代数学となっていくのであるが，その際に代数学は計算方法という認識で輸入された．そのために，一般的な計算手続きを指す言葉として，アル・フワリズミーを欧州読みにした「アルゴリズム」という言葉が生まれるのである．ちなみに，「アル」で始まる科学用語はイスラムにその起源をもつものが多い．星の名前ではアルタイル，アルデバラン，アルゴルなどがそうである．アルコールやアルカリなど，化学の用語にも多い．アル・フワリズミーの創始した代数学を意味するアルジェブラもそうである．

　10世紀にペルシア（現在のイラン）にブワイフ王朝が出来ると，ブワイフ朝ペルシアは945年にバグダット王朝からイラク地域の実質的な支配権を譲り受ける．これ以後，アラビア地域の科学文化の中心はペルシアに移ることとなる．ペルシア人の歴代の指導者も学者を重用し，とくに医学者を庇護した．そのため，多くの科学者がペルシアに集まることとなる．この時期のペルシア科学者として特に重要なのは「医学典範」を記した医師アヴィセンナと，「マスウード宝典」を記した科学者アル・ビールーニーである．

　アヴィセンナ（イブン・スィーナー）は現在のイラン周辺で11世紀はじめに活躍した医師にして哲学者である．幅広い学問を修め，多くの著書を残

しているが，その中で特に重要だとされるのが1000年頃から1020年頃にわたって書かれた「医学典範」である．「医学典範」はヒポクラテスやガレノスなどギリシャ・ローマ時代の医学書を基礎として，その後のイスラム諸国で明らかとなった新しい解剖学的知識，豊富な病気の体系分類などが加えられた，当時の医学の集大成と呼べるテキストである．「医学典範」は後にラテン語訳され，ヨーロッパ世界で広く医学の教科書として用いられるとともに，ヨーロッパで失われてしまったギリシャ時代の文献知識を後世に残したという意味で非常に意義が大きい．この教科書は後述するように，17世紀の科学革命により古典的科学の再検討が行われるまで，ヨーロッパで標準的な医学の教科書として用いられ続けた．

アル・ビールーニーは11世紀当時のイスラム世界を代表する天文学者にして，かつ測地学者，かつ歴史家であり，多くの書物を後世に残している．とくに1030年に記した書物，「マスウード宝典」では地球が自転していることを主張するとともに，当時の天体観測データを用いて精密に地球の半径を計算している．アル・ビールーニーの計算した地球の半径は6340 kmとなっており，1000年も前に現代の測定（赤道で6380 km）とほとんど変わらない正確な値を得ていることは驚くに値する．また，天文学についての優れた教科書である「占星術教程の書」を残したり，百科事典の編さんを行ったりもしている．さらにインドをたびたび訪問し，インドの言語，法律，歴史，民俗などについて記した書物も多く残しているほか，多くの数学的知識を紹介している．実は10世紀前後，インドは数学先進国であり，世界最高水準の数学的知識を有していたのである．この時期にインドからもたらされた数学的知識は，やがてアジア〜ヨーロッパのみならず，世界的に大きな影響を与えてきた．

この時代にはアル・ビールーニーをはじめ，多くの使者がアラビアを中心としたイスラム諸国からインドに送られ，インドの優れた数学を輸入している．イスラムに伝わったインド数学には現代では当たり前となっている数々の数学的知識や計算法などが含まれている．その代表格が10進法である．10進法は現在の日本で用いられているのと同様な数の数え方であり，1から

9 までの数字とゼロを使用して数を表す（図 3.2）．かつてのアラビアやヨーロッパでは 12 進法，20 進法，60 進法などが用いられていたが，1 から 9 までの数字とゼロとともに 10 進法がインドより輸入され，広く使われるようになっていった（1 時間が 60 分なのは 60 進法のなごりである）．また，四則演算の計算に用いられる筆算もインドで発明されたものである（図 3.3）．インドでは板の上に砂を均一に敷いた計算版を利用し，その上に指で数字を並べ，筆算を行うことで，計算を行っていた．また，ゼロの概念，算用数字や，三角関数・三角比もインドから輸入されたものである（図 3.4）．

図 3.2 10 進法数字：0〜9 までの数字もインドから輸入され，世界に広がったものである．下段は当時の記法．

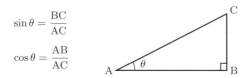

図 3.3 筆算の例．数値の四則演算を行う際に，縦に並べて計算する筆算の技法もインドで生まれたものとされる．

$$\sin\theta = \frac{BC}{AC}$$

$$\cos\theta = \frac{AB}{AC}$$

図 3.4 三角比．直角三角形の二辺の比を表す三角比もインドから輸入された概念であった．

3.3 科学の発展におけるイスラム教の意義

アラビアにおける科学と技術の発展において特筆すべきことの一つとして，アラビア世界において初めて，ギリシャで培われた科学が実践的に応用されたということがある．ギリシャ・ローマ時代にはアリストテレスやガレノスらを筆頭とする優れた科学者が多く輩出し，アルキメデスのような卓越したアイデアを持った人物も登場した．しかし，ギリシャにおいて科学はあくまで哲学の一分野であり，実学へ応用することは軽んじられていた．した

がって，当時の優れた科学的アイデアも実用的な道具に応用されることはまれであった．アラビア世界で実用化されたギリシャ科学の代表格がアルキメデスによる発明である．アルキメデスは紀元前3世紀にすでに物質の比重の違いと，それによる浮力の違いに気づいていた．これを応用してアラビア世界で作られたのが「知恵の天秤」と呼ばれる比重計である．比重計の利用により，アラビアの科学者は物質に含まれる不純物の含有量を正確に知ることができた．このことはアラビア世界における化学の発展に大きく寄与することとなる．同様に，アルキメデスらのアイデアをもとに，水時計，噴水，歯車，ネジなど，現代でも利用されている基礎的な機械がこの時代に実用化されることとなった．

　イスラム教国家で天文学や数学が発展したのには，イスラム教という宗教上の特徴が原因にあげられる．まずイスラム教では信徒には1日5回の祈りが義務付けられている．祈りは朝，昼，夕方，日没，夜の5回，メッカの方向（キブラ）を向いて祈りをささげなくてはならない．このキブラを正確に知るためには，天体観測による測地学が重要となる．また，祈りの時間も太陽の位置により定められており，日の出，南中，日没などの時刻を計算しておくことが必要となる．さらに，イスラム教の暦は太陰暦，つまり月の満ち欠けをもとに計算されており，正確なカレンダーを作るためには，月の運行を事前に知っておく必要があった．このように，イスラム教では生活に密接にかかわる部分で天体の運行が重要となってくるため，宗教的戒律に則った生活を送るためには天文学の知識や，観測に基づいて天体の運行を計算するのに必要な数学の知識が必要不可欠だったのである．ちなみに，21世紀の現代にあっても，イスラム教国では宗教指導者の天体観測に基づく暦が正式な暦とされている．たとえば，イスラムの1年は新月で始まるが，宗教指導者が新月を観測して宣言を出さなければ，正式には年が明けないのである．

　数学や天文学と並んで，イスラム世界で熱心に研究がすすめられた分野の中に，錬金術がある．錬金術は現代では魔術などと同類に見なされることもあるが，現代化学や薬学の基礎となったもので，当時はれっきとした自然哲学の一分野であった．錬金術はありふれた物質から高価な金属を生み出そ

という研究であるが，その基本思想は古代ギリシャまでさかのぼることができる．アリストテレス的世界観によれば，地上の物質はすべて火・空気・水・土の四大元素の組み合わせでできている．金もしかりである．よって，この四大元素の組み合わせの割合を何らかの手段で変えることができれば，石ころから金や宝石などを生み出すことができるはずである．錬金術の研究は 18 世紀頃まで科学の一分野として綿々と続けられていくが，とくに 10 世紀前後のイスラム諸国では盛んに研究され，錬金術を行うための道具として，ガラス細工や陶芸，インクや香水，火薬など，さまざまな発明品が生み出された（図 3.5）．とくに著名なイスラム世界の錬金術師の一人として，イブン・ハイヤーン（721〜815？）があげられる．彼の業績は多岐にわたるが，とくに化学・薬学分野での活躍が顕著である．塩酸，硝酸，硫酸などの多くの酸やアルカリの精製法を発明し，貴金属をも溶かす王水を発見したのも彼である．また，クエン酸や酢酸，酒石酸など，彼の著述に初めて登場する有機化合物も多い．彼の考案した実験器具の中には蒸留装置のように 1000 年以上にわたり実際の研究に用いられているものもある．イブン・ハイヤーンの仕事はその後のイスラム世界のみならず，イスラム科学を受け継いだ中世以降

図 3.5 ガラス製実験器具写真．ビーカーをはじめとする多くのガラス製実験器具は錬金術師たちによって発明された．

のヨーロッパ錬金術，また現代まで続く化学や薬学にも多大な影響を与えているのである．

　このように，10世紀前後の中近東を中心としたイスラム教の国々では，天文学・数学・錬金術などを中心として，科学が独自の発展を遂げていった．この時期はまさにイスラム教の国々が自然科学の最先端を担っていたのである．しかし，12世紀頃になると，ローマ帝国崩壊後に長い衰退期にあったヨーロッパ諸国も，徐々に力を取り戻していくこととなる．復活を遂げたヨーロッパの国々は，やがてイスラム教の国々と激しく衝突していくこととなる．

第 4 章

中世ヨーロッパ

　古代ローマ崩壊後，ヨーロッパ世界は暗黒の中世と呼ばれる，1000 年におよぶ衰退期に入っていた．その間，科学文化はイスラム世界に引き継がれ，独自の発展を遂げていった．しかし，衰退の中にあったヨーロッパ世界においても，少しずつ着実に科学技術の進歩は進み，欧州の復活の土壌形成につながっていくのである．農業改革や新技術の導入，商人の活躍などにより経済的に力をつけた欧州世界は，大航海時代を経て完全復活に向かっていく．

4.1　暗黒の中世

　4 世紀末期になると，地中海世界を支配していたローマ帝国が東西に分裂する．広大な領土は一人の皇帝により統治するには無理があり，皇帝を二人立てたことに端を発する分裂であった．4 世紀末にローマ帝国はローマを首都とする西ローマ帝国と，コンスタンティノープル（イスンタンブール）を首都とする東ローマ帝国に分裂するが，西ローマ帝国はゲルマン民族の侵入などに苦しめられ，分裂後わずか 100 年を経ずに滅亡する．東ローマ帝国も領土を縮小するが，トルコからギリシャにかけての領土は守り，1000 年以上の長きにわたって存続する．東ローマはのちにビザンツ帝国と呼ばれるようになり，ヨーロッパとアジアとの中間で存在し続けることとなる．

　西ローマ帝国領であった，現フランス・スペイン・イタリア・英国の一部などの西ヨーロッパにあたる土地は，ローマ帝国の分裂後，たびたびゲルマン民族の侵入を受けるようになる．これはもともとゲルマン民族が住んでい

た東ヨーロッパ地域にアジアからフン族が侵入し，押し出される形で西ヨーロッパ地域に進出してきたものである．ゲルマン民族以外にもノルマン人，ヴァンダル人やゴート人などの周辺民族も続々と旧ローマ帝国領に侵入し，西ローマの支配力は急激に低下していく．そんな中，476年にゲルマン民族の将軍がローマ帝国皇帝を退位させることとなった．西ローマ帝国滅亡後，西ヨーロッパ地域は多くの小国が林立し戦争の時代に突入する（図4.1）．パリシイ人（ローマの言葉で野蛮人の意もあるという）の都パリを首都とするフランク王国や，ゴート，ヴァンダルなどの国家が次々と登場しては消えていく．また7世紀にイスラム教が成立すると，イスラム勢力が急速に力をつけ，かつてはローマ帝国の一部であった北部アフリカからイベリア半島までもがイスラム勢力の支配下に組み込まれることとなる（前章図3.1参照）．こうして西ヨーロッパは混乱の時代に入っていく．さらに，国家間の戦争が続くのみならず，たびたびペストの大流行にも見舞われ，西ヨーロッパは5世紀から数世紀に渡って，長い衰退期に入っていく．このように5世紀のローマ帝国滅亡から15世紀のルネサンスまでの期間を，ヨーロッパの「暗黒の中世」と呼ぶ．しかし，一時期ヨーロッパが混乱の時期を過ごしていたことは確かであるものの，この1000年間がまったく暗黒だったわけではない．5世紀以降の混乱もフランク王国などのゲルマン系国家の樹立により次第に収

図 4.1 ローマ帝国崩壊前後の欧州地図（200年と500年）．最盛期にはヨーロッパの南半分と多くの植民地を支配したローマ帝国も，4世紀に東西に分裂するとみるみるうちに勢力を失い，西ローマ帝国はわずか1世紀で滅亡する．東ローマ帝国はその後ビザンツ帝国となり，15世紀まで細々と存続する．

まり，新しく導入された封建制度のもと，徐々に力を回復する期間だったのである．

　ローマ帝国時代，社会システムは少数の元老院が選ぶ1人の皇帝が国の実権を握り，一般社会は平民と奴隷から構成される中央集権制度であった．これに対し，中世ヨーロッパの多くの国では封建領主と農奴という社会関係が築かれていった．これは，比較的小さな領土を収める地方領主が，その土地の農民を支配する制度である．農民は領主に対し納税と賦役の義務を負う．代わりに領主は外敵の侵入があった際には軍を組織して迎撃にあたり，農地の防衛にあたるという利害関係でなりたっているのである．そして各地方領主は地域の権力者に対してゆるやかな主従関係を結び，王国が成立する．そして，多くの国々では国のまとまりを保つよりどころとして，ローマ帝国で公認されて以降，急速に勢力を拡大していたキリスト教を導入した．共通の宗教を通じて人心をまとめ上げることで，中世ヨーロッパの国々は国力の回復に努めるとともに，国家間でも良好な関係を築くのに役立てていったのである．

　ゲルマン系国家が暗黒の中世から力を回復するのに有効だったのが，新たに導入された農業方式であった．まず，ローマ時代，人間が土地の耕作にあたっていたところを，ゲルマン人は家畜を用いて耕作した．これにより，少ない人手でより効率よく，荒れた土地でも開墾できるようになった．家畜の利用には，当時新たに発明されたハーネス（馬や牛に巻く帯状の道具で，家畜に犂や車などを引かせる際に利用する）の発明などが役に立った．また，三圃農業が導入された．これは農地を夏耕地，冬耕地，休耕地の3つにわけ，それぞれ順に入れ替えていく農業方式である（図4.2）．これにより，農地の地力を最大限生かすことができるとともに，1年を通して農業を継続し，無駄な農閑期を減らして生産力を上げることができるようになった．

　さらに中世の時代には，かつては「野蛮人」と呼ばれたゲルマン系やノルマン系の民族も，次第に旧ローマ帝国民と同化し，独自の文化を洗練させていくとともに，自給自足生活から商品経済へ移行することで，国を超えた交易がおこなわれるようになっていく．こうして，10世紀を過ぎる頃には，

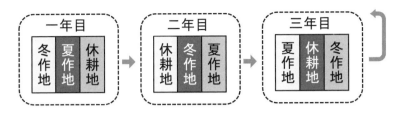

図 4.2 三圃農業. 土地を 3 分割し, 1 つ目の土地では冬に収穫できる作物を, 2 つ目の土地では夏に収穫できる作物を育てる. 3 つ目の土地は何も作らずに休ませる. 次の年には, 順番を入れ替え, 3 年間でもとに戻る. このように土地をローテーションさせることで, 土地の養分が失われることを防ぎ, 収穫効率が上がる.

ヨーロッパ地域では国家間の交易を取り仕切る商人が強い力を持つようになる. とくに強い力を持つのが, 北部ヨーロッパを中心に海洋交易で栄えたハンザ同盟の都市連合や, ジェノヴァやヴェネツィアなどイタリアの都市の商人たちである. 中世に力をつけた商人たちは, 後にルネサンス期に学者や芸術家のパトロンとなり, 文化復興の旗頭に経つのである.

こうして徐々に力を回復してきたヨーロッパ世界は, 二つの悲願, すなわち, イスラム教勢力に奪われたイベリア半島の奪還と, キリスト教の聖地エルサレムの征服を目指して対外戦争を始めることとなる. ローマ帝国の分裂以降, イベリア半島はゲルマン系民族の西ゴート王国が支配していた. しかし, 7 世紀にアラビアでイスラム教が成立すると, イスラム勢力はアラビアから北アフリカをまたたくまに席巻した. 地中海南岸を支配下に置いたイスラム勢力はすぐにイベリア半島にも侵入し始め, 711 年には西ゴート王国を滅ぼしてイベリア半島を手中に収めた. イベリア半島では後ウマイヤ王朝がコルドバなどを中心として非常に洗練された文化を花開かせた. 10 世紀のコルドバはヨーロッパ最大級の大都市にまで成長し, 文化の中心であったといわれている. しかし, 内紛により国力が衰え始めた 10 世紀頃, 逆に暗黒の中世の間に力を蓄えてきたヨーロッパキリスト教諸国がイベリア半島の奪還に乗り出す. このイベリア半島をイスラム教勢力からキリスト教勢力に取り戻す一連の運動を「レコンキスタ」という. キリスト教勢力は徐々にイベリア半島内で領地を拡大していくものの, グラナダに拠点を移したイスラム勢力の抵抗は激しく, 結局グラナダを陥落し, イベリア半島全土をキリスト

教勢力の支配下に納めることになるのは 15 世紀末期になってからであった.
このイベリア半島奪還の過程で, ヨーロッパキリスト教世界は, イスラム教
国家の支配下で醸成されたすぐれた文化を吸収することとなる. 中世にあっ
て, イスラム教の国々はアレクサンドリアを経由して古代ギリシャから受け
継いだ文化や自然哲学に, インドから輸入した数学的知識を加え, 世界最先
端の科学文化を有していたのである. とくにアルハンブラ宮殿に代表される
ようなイベリア半島イスラム王国の洗練された建築技術, 水理技術, それら
の基盤となる測量や計算技法が, この時期にヨーロッパ世界に吸収されてい
くのである.

　暗黒の中世から復興しつつあった欧州キリスト教世界のもう一つの悲願は
聖地エルサレムの占領であった. エルサレムは現在のイスラエルに位置す
る, イエス・キリスト生誕の地と伝えられるキリスト教最大の聖地である.
11 世紀のキリスト教最高指導者であった教皇はキリスト教諸国に「聖地エ
ルサレムで弾圧されているキリスト教徒を救い出す」ための遠征を要請す
る. そのような弾圧が事実だったかはさておき, 欧州内で力を取り戻した諸
国が, 新たに海外に勢力を伸ばそうという考えることは不思議ではない. か
くして, 11 世紀から 13 世紀にかけて, エルサレムを目指す数回にわたる大
遠征「十字軍」が組織される. 十字軍の遠征が何回行われたかには諸説ある
が, 少なくともまとまった軍事遠征が 8 回はあったようである. しかし, 最
後の方は軍の体をなしておらず, 対外的野心をむき出しにした強盗集団のよ
うなものであったとの説もある. 現に 1202 年から始まる遠征では, エルサ
レムどころか, 同じキリスト教国のビザンツ帝国に攻め込み略奪を働いてい
る. 初期の遠征においてキプロスなどの重要拠点を制圧するという小さな成
功は見られたが, 全体的には十字軍は失敗といえるであろう. しかし, この
遠征はヨーロッパに確実に大きな影響を与えた. 十字軍遠征を通してヨー
ロッパキリスト教世界とアラビアイスラム世界の人々が行きかうことで, ア
ラビアに引き継がれていた古代ギリシャ・ローマの文化や, イスラムで培わ
れた優れた科学がヨーロッパに伝えられることとなったのである. 十字軍や
レコンキスタを通じてイスラム世界から流入した古代の文化・知識が, 当時

のヨーロッパの学術言語であるラテン語に翻訳され，広まることが，後のル
ネサンスの下地になったのである.

　着々と力を蓄え，レコンキスタや十字軍を通して優れたイスラム文化を取
り入れた西ヨーロッパ諸国は，15〜16世紀に大航海時代やルネサンスと呼
ばれる時期を通して大きく文化を発展させ，世界中に影響力を広げていくこ
ととなる. しかし，これらのイベントは突然起きたわけではなく，中世後期
の13〜14世紀に重要な下地が作られていたのである.

4.2　大航海時代

　欧州が暗黒の中世からの復興を目指している間，アジアでは世界史上の重
要な出来事が起こる. 12世紀後半，モンゴルの一部族長にすぎなかったチン
ギス・ハンはモンゴルを統一し，卓越した戦術を武器に，モンゴル軍がア
ジアを席巻した. 13世紀，チンギス・ハンの孫のフビライ・ハンの時代に
は，モンゴル帝国はほぼアジア全域を支配下に納めた. モンゴル帝国隆盛の
情報はヨーロッパにも届き，強い関心を集めた. ヨーロッパ諸国は東の大帝
国と親交を結ぶべく，多くの使節を当方へ送った. また，同時に多くの商人
が東方へビジネスチャンスを求めて旅立ったのである. これらの使節・商人
たちの中でも特に有名なのが，マルコ・ポーロである. マルコ・ポーロは20
年以上にわたってアジアを回り，その旅行中に見聞きしたことを「東方見聞
録」という一冊の本にまとめた. この本では中国の陶磁器やスリランカの宝
石など，アジアの優れた物産品を多く取り上げていた. 日本が黄金の国ジパ
ングと紹介されているように，内容の信ぴょう性はともかくとして，東方見
聞録は多くの知識人に愛読され，欧州の知識人のアジアへの関心を高める役
割を果たした.

　このようにアジアとの貿易が熱望される中，ほぼ同時期にアジアではもう
一つの大きな動きが起きていた. オスマントルコ帝国の成立である. 1299
年にトルコに成立したオスマン帝国は，みるみるうちにオリエント地域を征
服すると，これまで綿々と続いてきた東ローマ（ビザンツ）帝国を滅ぼし，地
中海東側一円を支配下においた. 当時，トルコをはじめとするオリエント〜

アラビア地域は，ヨーロッパとアジアを結ぶ上で避けて通れない重要な交易路であった．しかし，ヨーロッパ商人はオスマン帝国領を通ると高い関税を課せられ，せっかくの商売も利益を生まなくなってしまう．そこで，オスマントルコが強大化すると，欧州ではオリエント地域を通らずにアジアとヨーロッパを結ぶ交易ルートを模索する要求が高まっていくのである．このことが後に欧州諸国が競うように海外進出を進めていく大航海時代につながっていく．

　大航海時代の訪れには，さらにもう一つの伏線があった．それが後の宗教改革につながるキリスト教会への批判の高まりである．宗教改革は，当時のローマ教会の腐敗への批判であり，有名なのは16世紀にドイツでローマ教会を批判したマルティン・ルターらの改革である．ルターらは，当時の教会が販売していた，買うだけで罪が許されるという免罪符をやり玉に挙げて批判し，聖書に基づいた清廉な教会を求めた．これらの流れの中で，従来のオーソドックスな教会（カトリック）に対する新教（プロテスタント）が誕生することになる．ヨーロッパ内での批判勢力の躍進に危機感を抱いた教会は，勢力を維持するために新たな土地での信者獲得に力を入れるようになる．そのため，当時新航路の開拓に乗り出そうとしていたスペインやポルトガルを支援するようになる．スペインやポルトガルの運用する船に資金援助する見返りに，宣教師を乗船させて，ヨーロッパ域外の植民地での布教活動を行わせたのである．

　このように(1) アジアからの情報流入による東方貿易への需要，(2) オスマン帝国成立による新航路開拓の必要，(3) 宗教改革に起因する教会からの支援，という条件がそろったことにより，欧州諸国がこぞってヨーロッパ域外に船を送る「大航海時代」が始まることになるのである．その先陣を切ったのがポルトガルである．ポルトガルはカトリック教会からの金銭的支援を受け，エンリコ王子が先頭に立って積極的に南に向けて海外進出を進めていった．ヨーロッパの南には当時「暗黒大陸」としてその大きさや形も不明であったアフリカ大陸が位置している．しかし，海岸線伝いにアフリカ大陸を超えていくことができれば，中東通過の障壁となっていたオスマントルコ

帝国領を迂回してアジアへと出ることができることは容易に想像できた．このような展望のもと，アフリカ海岸沿いに南進を進めたポルトガル人探検家たちは南下を進め，1488年にアフリカ大陸最南端の喜望峰へと到達することに成功すると，さらにアフリカ東岸を北上していき，1497年にはバスコ・ダ・ガマ率いるポルトガル艦隊はついにアフリカ回りの海路でインドに到達することに成功する．この南回り航路の開拓によりオスマン帝国を迂回してインドとの貿易路を確保したポルトガルは，インドや中国との貿易により莫大な富を手にすることとなるのである．

　ポルトガルの次に海を越えての新天地開発に乗り出したのが，隣国スペインである．南回り航路でポルトガルに先を越されたスペインは，ヨーロッパから西に航路を取ることを選ぶ．当時，すでに地球が丸いことはわかっていた．（ちなみに，地球が丸いことは，水平線や地平線が存在することや，月食時の影が丸いことなどから容易に理解できた．）地球が丸いということは，真っ直ぐ西へ進めば，いつかは東の果て，中国やインドなどのアジア諸国にたどり着くはずである．このようにして，クリストファー・コロンブス率いるスペイン艦隊は大西洋を西へと航海し，1492年，ついに大西洋西岸の島に到達する．ここをインドの一部だと考えたコロンブスは，西インド諸島と命名することになる．コロンブスらがたどり着いた島は，現在のバハマ一帯にあたるカリブ海の島々であった．その後，コロンブスが到達した地はアジアではなく，当時のヨーロッパではまだ知られていなかった新しい大陸，新大陸であることが明らかになる．この地が未知の大陸であることを明らかにしたスペイン艦隊の隊長アメリゴ・ベスプッチにちなみ，新大陸はアメリカ大陸と命名された．（実際にはスペイン人よりはるか昔，10世紀にはアメリカ大陸北東部に北欧のバイキングが集落を築いており，彼らこそが初めてアメリカを発見した欧州人であることになる．）

　新大陸発見後，スペインは多くの植民者を南北アメリカ大陸に送り，この地で莫大な収益を上げることとなる．アメリカでとれるタバコやサトウキビ，金銀銅などの貴金属により，スペインは当時世界一の大国に成長することとなった．アメリカ大陸に拠点を築いたスペインは，大陸のさらに西に足

を延ばす．その指揮をとったのがフェルディナンド・マゼランである．1500年にスペインを発ったマゼラン艦隊はアメリカ東岸を南下し，大陸最南端のマゼラン海峡を発見したのち，太平洋を西進して，ついにアジア（現在のフィリピン）に到達し，さらに西進を続けてヨーロッパに帰還する．このようにして，地球は海続きに一周することができることを初めて実証されたのである．ちなみに，マゼラン本人が航海の途中で死亡するなど，2年超の旅は過酷を極め，ヨーロッパに辿り着いたときには初期の船員の大半が命を落としていたという．

　ポルトガルやスペインの成功を見て，他の欧州諸国もこぞって欧州外への進出を進めていく．1500年以降，イギリス，フランス，オランダ，イタリアなどの国々がアジアやアフリカを次々と植民地化していった．特にインドをはじめとする世界各地に植民地を築いたイギリスには，世界中から資源や富が集まり，空前の繁栄を享受することとなる．このような大航海時代を通しての世界からの資源の集約が，後の近代化や産業革命の原資となっていく（図4.3）．

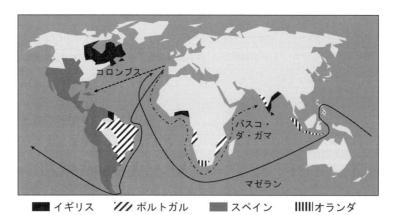

図4.3　18世紀後半の植民地地図．南米は主にスペインとポルトガルが支配し，北米ではスペインとイギリス，そしてアラスカはロシアが植民地を建設していた．アジアではインドをイギリスとポルトガル，インドネシアはオランダ，フィリピンはスペインが統治していた．アフリカは欧州列強によりモザイク状に切り取られていくこととなる．イギリスは後にオセアニアや中国の一部も植民地化し，「太陽の沈まぬ帝国」となっていく．大航海時代に開拓された主な航路も示す．

4.3　中世ヨーロッパの科学と技術

　大航海時代を経て欧州が栄光を極めるルネサンス期に入る様を説明する前に，暗黒と言われた欧州中世における科学技術の進展について触れておこう．欧州における暗黒の中世は，実際にはその後のルネサンス以降における爆発的な科学技術の発展の土台を作る準備期間でもあった．中世はキリスト教的価値観が全面に押し出された時代であり，聖書の記述に反するような内容は異端として扱われた．キリスト教的価値観に矛盾するような発見や発言は黙殺あるいは積極的に抹殺された時代である．当時の聖職者は，キリスト教的価値観に合致しない異端を見つけるため，聖書に合致する自然観とはどのようなものかをよく知っておく必要があった．そのため，この時代，とくに聖職者には高い教養が求められた．そこで，聖職者らの教養教育のためにリベラルアーツというシステムが構築されることとなる．リベラルアーツはもともとローマ時代に市民階級が身に着けるべき7つの教養「自由七科」として誕生するが，キリスト教が権力を握るとともに，キリスト教的価値観を包含した教養教育として整備され，定着していくこととなる．そして13世紀以降，欧州諸国で大学が整備され始めると，リベラルアーツは大学で修めるべき必須科目として取り入れられ，大学教養教育は現代まで続いていくこととなる．

　技術面でも中世には，後の発展につながるような基礎的分野での進展が見られた．その一例が，水力や風力の利用であろう．水車の原理はギリシャ時代の自然哲学者たちによってすでに考案されていたといわれるが，実用化には河川工事や水門設置などの高度な土木技術が必要となり，実用化は中世に入ってからとなった．また，川面に水車を挿入する下射式の水車に加え，水車の上から水を落とす上射式水車が登場したのも中世の間である．上射式水車は効率がよく，鍛冶仕事での利用などで利用された．風車もアイデアとしては存在したものの，お天気次第で安定した運転が難しいため，実用化には時間がかかったようである．これらの技術的課題を一歩一歩解決し，実用化にこぎつけたのが中世の時代である．これらの自然エネルギーは脱穀・製粉・揚水等，実生活にかかわる基本分野に利用され，暗黒の中世からの復興

を下支えすることとなった.

　もう一点,技術面での基礎的な進展に,鉄を生産するための設備である高炉の発明が挙げられる.現代においても,製鉄所などでは基本的にこの高炉を用いて鉄を生産している.その見た目は高い煙突状の炉である.この炉の上部から鉄の原料である鉄鉱石と石炭を投入する.そして,炉の下部では水車動力によるふいごを用いて空気を送り込み,強い火力の火を燃やし続ける.炉の内部は非常に高温となり,上部から投入された鉄鉱石は利用用途の広い鋳鉄として炉の下部から取り出される(図4.4).高炉の発明により,鉄製品の生産力が大幅に向上することとなり,鉄製品が青銅や真鍮に替わり,庶民の間でも一般化していったのが中世である.鉄製の農具は農業生産性の向上にも寄与し,また鉄製の武具の多寡は戦争での勝敗を大きく左右した.生産力が向上した以外にも,高炉の発明には重要な意味がある.それは,中世までは職人(鍛冶屋)が自身の経験をもとにして生産していた鉄製品が,製鉄所での大量生産に置き換わったことである.製鉄所では,職人個人のもつ勘や経験よりも,均質で上質な鉄を生産し続けるための最適化された手法が要求される.燃料と原料のバランスや,炉の設計や材質などは最適なものが発見され,それらはマニュアルとしてまとめられた.こうして,この時代,鉄を生産するためのテキストが誕生するのである.14世紀に出版された「火工術」,「金属の書」などの製鉄業者向けの教科書は世界初の教科書と呼べるものであり,これを参考にすれば職人の技術がなくとも最適化された環境で鉄の生産が行われるというものであった.こうして,技術の発展が職人の勘と経験に依存していた時代から,効率化を追求しての大規模工場における大量生産を目指す時代へと変わっていくこととなる.

　ここで登場した教科書の普及を後押ししたのが,やはり中世の重要な発明品である活版印刷である.活版印刷は,金属や木材を使って文字の型,いわばスタンプを大量につくり,それらを組み合わせて文章のスタンプを作る印刷手法である.活版そのものは中国などで10世紀以前より使われていたとされているが,商業的な利用が始まったのは15世紀ヨーロッパである.初めて活版印刷を商業利用したのは,ドイツのグーテンベルクであるといわれる.

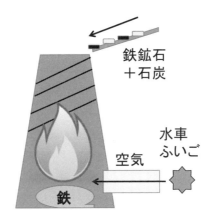

図 4.4 高炉の概念図．縦長の炉の上方から鉄の原料となる鉄鉱石と燃料の石炭を投下する．一方，炉の下部ではふいごを使い，空気を大量に送り込む．すると，炉内の温度が非常に高温に保たれ，良質の鉄が炉の下部にたまる．

活版印刷の普及により，それまでは王侯貴族や特権階級だけのものであった書物が，比較的所得の低い庶民にも読まれるようになった．また，一度に大量の複写を作ることができるようになったことで，それまでの人手による書き写しに比べて情報伝達のスピードが格段に速くなった．このことが科学・文化の発展には非常に大きな影響を持っていたことは間違いないだろう．

　羅針盤（コンパス）は 11 世紀に中国で発明されたとされるが，12 世紀には欧州でも独立に発明されたとされている．この羅針盤が真の力を発揮したのは，14 世紀からの大航海時代からである．何も目印のない大海原，かつ自分の位置もわからない未開の海で正確に進む方位を知るためには，羅針盤が欠かせないアイテムとなったのである．また，ヨーロッパの大航海時代を支えることとなるのが，さらに中世に利用の始まった発明品が火薬である．火薬は欧州では 12 世紀までに使用が始まったとされる．ヨーロッパでは 13 世紀頃から銃に応用され，鉄砲や大砲などの銃火器に利用されて戦争の道具として使われるようになる．大航海時代にヨーロッパ列強が世界各地に植民地を築くことができたのも，火薬を用いた重火器により現地民を武力制圧できたからである．

　活版印刷に羅針盤と火薬を合わせた 3 つの発明品を「中世の三大発明」と

呼ぶことがある．しかし，実際にはいずれも 12 世紀までには中国などで発明されており，それが中世の時代にヨーロッパに伝わったに過ぎない．特に火薬の発明は古く，中国では紀元 1 世紀（諸説あり）にはすでに爆竹が発明されていたとされる．火薬は中国では古くから武器としても使われていたが，なぜか大砲や銃火器に応用されることはなかった．羅針盤や印刷術の発明も早かったが，なぜか中国やアジア地域でこれらの発明品が社会を変えるまでに発達することはなかった．この理由として，古代中国の科学技術研究の大家ニーダムは，中国の王朝が頻繁に変わることを挙げている．王朝が変わると，一般的に前の王朝のしきたり，風習，風俗などは徹底的に排除される．王朝が変わることによって，火薬や羅針盤の利用が前王朝文化として禁止されていったかも知れないというのである．一方，これら 3 つの品がヨーロッパで果たした役割は，中国でのそれよりもはるかに大きく，これらの発明品が最大限利用され始めたのが，中世ヨーロッパであることは間違いない．このように科学技術の発展は，社会情勢や政治情勢と無関係に進めることはできないのである．

第 5 章

科学革命

　暗黒の中世から脱却したヨーロッパは，その後古代の輝きを取り戻すルネサンスの時代を迎える．この時代，古代ギリシャの自然哲学は批判的再検討にさらされることとなる．アリストテレス以来の自然観の不備が明らかになり，この時代の科学者は自身で真の自然の姿を探る必要に迫られることとなる．そして，発明されたばかりの望遠鏡や顕微鏡を駆使し，多くの科学者の活躍を通して「普遍的な法則」を前提とした近代的な科学が誕生する．

5.1　ルネサンス

　ヨーロッパが暗黒の中世から脱却した後，大航海時代とほぼ同時に起こった文化的な出来事がルネサンスである．ルネサンスは「再生」を意味し，キリスト教的価値観に縛られて閉塞的な雰囲気であった中世からの反動として，人間を中心とした価値観に大きく振れた時代である．その中で，中世に失われていたキリスト教以前の古代ギリシャやローマの文化に再び光があてられることとなる．実はこのような「ルネサンス運動」は中世にも何度か起こっている．9 世紀にフランク王国で起こったカロリングルネサンスがその一例で，この際にはカロリング朝のカール大帝が学問を奨励するなかで古典研究にも力を注がれた．しかし，日本で一般的に知られている「ルネサンス」は 15 世紀前後に南ヨーロッパで起こった古典復興運動を指すことが多い．また，科学の世界に与えた影響を考えると，15 世紀から 16 世紀にかけて古代の知識に再び光が当てられたことが非常に大きな意味をもっている．

ここでは15世紀前後のルネサンスについて話を進める.

　中世の末期, レコンキスタや十字軍を通じて, イスラム教諸国に保存され, 発展してきた科学・文化が西欧に持ち込まれるようになる. この中には, ヨーロッパで生まれたものの, 暗黒の中世の時代にヨーロッパ地域では失われてしまっていた, 古代ギリシャ・ローマの優れた文化や自然哲学も含まれていた. 当時, 再び導入された古代ヨーロッパの文化に触れた人々は, 自分たちの祖先の築き上げてきた優れた文化を目にして, 大きな衝撃を受け, これらの文化を再び自らの手に取り戻そうと考えたのである. 暗黒の中世から抜け出し, 文化面に力を注ぐだけの余裕を手にしていたヨーロッパの上流階級の人々は, これらの古典文化に注目する. とくに古典の研究に力を入れたのが, 当時のヨーロッパの最高権力者であるローマ教皇と, イタリア・フィレンツェのメディチ一族を代表とするイタリア都市国家の有力者たちであった. メディチ家やエステ家など, 商業で富と権力を手にした富豪たちは, こぞって学者や建築家, 芸術家などに支援を行った. キリスト教的道徳観に従っていた中世への反発として, 人間や自然をありのままに研究して描くことが芸術家の流行となり, その中で古代ギリシャの彫刻などがとくによく研究された. レオナルド・ダ・ヴィンチやミケランジェロ・ブオナローティ, ラファエロ・サンティなど, 多くの著名な芸術家たちが, 富豪の庇護のもとですぐれた芸術作品を生み出していったのもこの時期である.

　このような文化復興運動の波は, 同時に古代ギリシャの世界観などにも及び, 古代ギリシャの自然哲学なども好んで研究されていった. 当時, 世界の仕組みについて論じる自然哲学では, 古代ギリシャのアリストテレス的な世界観が踏襲されていた. すなわち, 地球は世界の中心に位置し, 地球の周囲を太陽, 月, 惑星, 多くの星々が乗った神の世界たる天球が回転するという, 地球中心の世界観である (図5.1). このような世界観は神が世界を作り, 人間を神に似せた特別な存在として作られたとするキリスト教的世界観とも合致していたため, キリスト教的価値観が支配的であった中世の間中も標準的な世界観として維持されてきたのである. ところが, ルネサンス期に入り, ギリシャの古典的な知見が研究される中で, アリストテレスらの構築してき

た古典的な自然哲学は批判的に再考されるようになる.

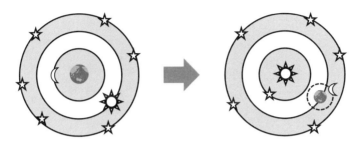

図 5.1　天動説から地動説への「コペルニクス的転換」. 地球が宇宙の中心に位置し, 天体は地球の周囲を回るという宇宙観が, アリストテレス以来 2000 年にわたる常識であった. それに対しコペルニクスは, 地球はむしろ太陽の周りを回っているとの立場をとった. ちなみに, 軌道計算する上ではどちらの立場でも同じである. 天動説と地動説の違いは, どちらがより美しいかという審美上の違いと宗教観の戦いであった. 後に登場するケプラーの楕円軌道モデルが数学的にはもっとも洗練されている.

　批判的再検討が進められた一因は, 自然を見る目が洗練されてきたことにある. アリストテレスの時代から, 暗黒の中世の衰退期を経たとはいえ, 1500 年余りが経過しており, この時期の自然観測の技術水準はギリシャ時代とは比較にならないほど向上していたのである. アリストテレス的世界観の再考に先鞭をつけたのが, 16 世紀に活躍したデンマーク出身のティコ・ブラーへら天文学者たちである. ブラーへは 26 歳のときに銀河系内で起きた超新星を詳細に観測し, この超新星には現在「ティコの超新星」という名が冠されている. 四分儀という観測装置を用いて望遠鏡発明以前としては最高精度の観測を行った彼は, 星の運行を詳細に調べ, 非常に質の高いデータを残した. その後, プラハに移った後も観測を続け, 膨大な天体の運行データが蓄積された. その中には, 火星の逆行や彗星の運動など, アリストテレス的な世界観では説明のできないような奇妙な天体の運行が多く記されていた (図 5.2). 天体の奇妙な動きを説明するため, ブラーへ本人はアリストテレス的宇宙モデルを修正し, 地球以外の惑星は太陽の周りを回るとのモデルを考案する. その後, ブラーへの残したデータは助手であったヨハネス・ケプラーに受け継がれ, アリストテレス的宇宙観に終止符を打つこととなる「ケプラーの法則」の発見につながることとなるのである.

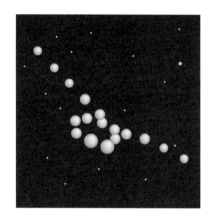

図 5.2　火星の逆行．背景の星々に対し，火星は毎晩毎晩少しずつ動いていく．たいていは同じ方向に動いていくが，時々逆向きに動き，また元の向きに戻る現象がみられる．天動説ではこのような振る舞いをシンプルに説明することが難しい．

　ルネサンス期における古典自然哲学への批判的考察において，欠かすことのできない人物がもう一人いる．神聖ローマ帝国の宮廷医であったヴェサリウスである．16 世紀以前の医学は現在の医学とは大きくかけ離れたものであり，医師や医学者はもっぱら古典書物の翻訳を行い，臨床においては薬の処方などの内科治療を専門としていた．一方，外科的な手術や解剖は医師ではなく専門の職人が行っていた．それゆえ，医学者は実際の人体の仕組みを研究することはなく，ガレノス以来の古典的テキストに記された人体の構造がそのまま常識として定着していた．それに対しヴェサリウスは自ら率先して人体解剖を行い，その構造を調べていった．その結果，ガレノスらによる古典的人体構造の知識の多くが誤りであることを明らかにしたのである．古典的教科書の解剖図は実際には人体ではなく豚や猿など，動物の身体構造をそのまま人間にも当てはめて記していたことが明らかになったのである．ヴェサリウスが自身の研究をまとめた「人体の構造」が 1543 年に出版されると，大きな反響を呼んだ．彼の行った人体解剖を批判するものも多かったが，医師自身が実際に人体を研究する必要であることを明確に示したヴェサリウスの手法は，古典テキスト研究のみでは正しい知識を得られないということを示し，ルネサンス期以降の科学の在り方を大きく変える転機となった．

　ブラーヘやヴェサリウスらの活躍により，古代ギリシャ時代から盲目的に信じられてきた自然についての知識は，かなりの部分が不完全であったり，誤った知識すら含まれていたりすることが明らかになった．長きにわたり信じてきた知識の不備が明らかになるのを目の当たりにし，この時代の科学者たちは，自分たち自身で自然の真の姿について調べていく必要があることを強く認識することとなるのである．

5.2　顕微鏡と望遠鏡

　16 世紀から 17 世紀へと移り行く中で，科学の歴史上の重大な転機が訪れる．それは顕微鏡の発明と望遠鏡の発明である．これらはともにオランダのメガネ職人が発明したとされている．顕微鏡や望遠鏡はともにレンズを用いた簡単な道具であるが，これらの発明により，肉眼では見ることのできない世界が見えるようになったという点は科学の発展の上で極めて重要である．なぜなら，それまでの標準的な世界観であったギリシャ古典に記されているのは，基本的に肉眼での観測から得られた知見であり，顕微鏡でしか見えないミクロの世界や，望遠鏡ではじめて明らかになった天体の様子については古典的書物には一切書かれていないからである．これらの道具を通して明らかになった新しい世界について知るためには，もはや古典研究は何の役にも立たず，科学者自らが実験観測を通して新しい自然の世界を探求していかなくてはならないということになったのである．

　16 世紀から 17 世紀への変わり目に発明された望遠鏡を初めて夜空に向けたのがガリレオ・ガリレイである．彼の使っていた望遠鏡は高々数倍の倍率であったが，それでも 16 世紀までの世界観を打ち砕くには十分の性能であった．望遠鏡を通して見た宇宙の姿について，ガリレイは著書「星界の報告」（1610 年）の中で感動を持って描写している．ガリレイはまず，地球に最も近い天体，月に望遠鏡を向けた．アリストテレス以来の世界観によれば，天体は神々のすみかであり，その存在は完璧なものであった．しかし，ガリレイが見た月の姿は，多くのクレーターや起伏に覆われた，ゴツゴツとした無骨な姿であり，神々の住む完全な球体とは程遠いものであった．その

姿は，むしろ多くの山や谷を持つ地球の地形に近いように思われた．

　さらにガリレイは，地球と同様に太陽の周りを回る惑星に望遠鏡を向けた．彼が特に関心を持って眺めたのが，太陽系最大の惑星である木星である．ここでもガリレイは驚くべき発見をする．彼は，木星の周りを回る4つの月（衛星）を見出したのである．現在木星には数十個もの衛星があることが知られているが，それらの中でも特に大きな四つの衛星（イオ，エウロパ，ガニメデ，カリスト）は，発見者にちなんでガリレオ衛星と呼ばれている（図5.3）．木星の周りを回る天体があるということは，当時の世界観においては驚くべきことであった．アリストテレス的世界観においては，天体は地球を中心として回るべきものであった．しかし，ガリレイの発見した4つの天体は，地球ではなく，また太陽でもなく，たかが惑星の一つである木星を回転の中心としていたのである．この発見により，地球は世界の中心に位置するという古典的な世界観は完全に粉砕されることになったのである．

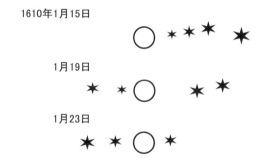

図 5.3　ガリレオによる木星とその衛星のスケッチ．丸が木星，星印が衛星を表す．

　このように，ガリレオは天体観測とその観測に基づいた宇宙の描像で重要な役割を果たしたが，地球上で起こる自然現象についても重要な研究を残している．その中でも特に有名なのが「落体の法則」の発見である．重い物体と軽い物体を同時に，同じ高さから落としたとする．はたして，どちらの物体が早く地面に落ちるだろうか．我々は経験的に重いものが早く落ちるように思ってしまう．しかし，もしも空気抵抗が無視できるような状況であれば，両者は同時に地面に落ちる．実は，物体に働く力が重力のみであれば，

落下速度は，物体の重さによらないのである．このことを落体の法則と呼んでいる．伝説によれば，ガリレイはピサの斜塔の上から，同じ大きさで質量の違う二つの金属球を落下させる実験を行うことで，落体の法則を確認したとも言われている．また，より身近な例として，ガリレイは「振り子の等時性」を発見している．振り子の揺れる周期は糸の長さだけで決まり，振れ幅の大きさや重りの重さにはよらないというものである．これは振り子時計が機能する根本原理として，ゼンマイ式やクオーツ式の時計が誕生するまでは日常生活の根本をなす，非常に重要な法則であった．このように，ガリレイは身近な自然現象を数学的に考察し，すべての物体に共通の基本原理を見つけるという研究スタイル（パラダイム）を築きあげた．後に現れるニュートンらが確立する自然研究における数学的方法に先鞭をつけた重要な人物だったのである．

　望遠鏡と時を同じくして開発された顕微鏡を駆使して新しい世界を切り開いていったのが，ロバート・フックである．フックは自前の顕微鏡を駆使して，身近なものを徹底的に観察していった．そして，その詳細なスケッチをまとめ，1666 年に「ミクログラフィア」という図鑑を発表した．ミクログラフィアには多くの動植物の精緻な図版が数多く載せられ，非常に好評を博したそうである．フックによる顕微鏡を用いた観察のなかで，特に重要なものは，コルクの観察であった．フックは薄く切ったコルクの断片中に，多くの「部屋」のような構造が並んでいることを発見した．これは人類史上はじめての細胞の発見であった．正確には，フックが見たものは植物細胞の細胞壁であったが，生物が細かな部屋状の細胞の集合体であることを明らかにしたのも顕微鏡という新しい実験観察用具の威力によるものであった．

　余談であるが，フックは後述するニュートンの強力なライバル的存在であったともいわれる．フックは現在では，「ばねの力がその伸びに比例する」という「フックの法則」で知られている．フックの法則は，身の回りに見られる現象を簡単な数式に還元するというルネサンス期以降に見られるようになった研究手法における，初期科学成果の代表例ともいえよう．

5.3 新しい宇宙観とニュートンの運動の法則

　古代ギリシャ的宇宙観の転換に大きな役割をはたしたのが，コペルニクスである．コペルニクスは 1543 年刊行の著書「天球の回転について」において，地球をはじめとする惑星は太陽の周りを回っているとする「地動説」を提唱した（図 5.1）．これにより，シンプルな天動説では説明のできない天体の運行を説明しようと試みたのである．コペルニクスは太陽崇拝という宗教的理由からキリスト教の神＝輝く太陽＝世界の中心，という宇宙観を提案したのだともいわれているが，その著書の前書き（コペルニクス本人が書いたのではないが）では数学的な関心からこのような計算例を示したと記されている．しかし，当時の「常識」であったアリストテレス的世界観への正面からの反論として，この時代ではコペルニクスによるものが最も影響力があったことは事実であろう．

　コペルニクスやブラーへの後を継ぎ，天体現象を数学的に考察することで現代に通じる宇宙観を提示したのがヨハネス・ケプラーである．ケプラーは当代随一の天文学者であったブラーへの助手であり，ブラーへの死後，彼の収集した莫大かつ正確な天体の運行データを自由に利用することができた．ケプラーは惑星の運行データを解析し，できる限り簡単に惑星の運動を求める方法を考えていた．コペルニクスの地動説は，火星の逆行運動などはうまく説明することができたが，実は天体の運行の予測や，日食・月食の予報などでは大きな誤差が生じ，正確な天体の運動予測ができなかったのである．そこで，ケプラーは大胆に発想を転換し，惑星の運動は太陽を中心とした円軌道ではなく，太陽の周りを周回する楕円であるとした（「ケプラーの法則」：図 5.4）．アリストテレス的世界観では，惑星や星々の世界は神の住む世界であり，神々の依代である天体の運動は完全な円運動であるとの暗黙の了解があった．しかし，ケプラーは惑星の運動が楕円軌道であるとすることで，このような天体＝神の世界＝完全な世界という常識を葬り去ったのである．カトリック教会を恐れて晩年まで天動説を発表できなかったコペルニクスに対し，ケプラーはカトリック教会に対抗するプロテスタントの勢力が優勢だったボヘミア地方で活動していたため，このような大胆なアイデアを提

案できたとも言われている．科学は社会から無縁の象牙の塔で行われている
ように思われるかも知れないが，科学も社会情勢と無関係ではいられないの
である．このケプラーによる革新は大成功を収め，天体の運動は驚くほど簡
単に求めることが可能となった．このことは，天体の運行予測の精度を上げ
るのみならず，2000 年近く常識であり続けたアリストテレス的世界観を葬
り去る上での大きな一撃となった．

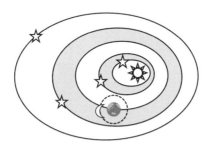

図 5.4　ケプラーの宇宙モデル概念図．惑星は太陽を焦点の一つとする楕円軌道を描く．図の
楕円と太陽の位置は正確ではない．地球は宇宙の中心でもなければ，その軌道は円軌道ですら
ない．

　この時代に現れ，現代科学に絶大な影響を与えた巨人が，アイザック・
ニュートンである．　1642 年にイギリスの寒村に生まれたニュートンは名門
ケンブリッジ大学に学び，数学・物理学などの分野で大きな業績を残した．
ニュートンの業績の中でもっとも有名なのが，1671 年に出版された，物体の
運動について記した大著「プリンキピア」であろう（図 5.5）．プリンキピア
とは Philosophiæ Naturalis Principia Mathematica の略で，日本語に訳す
ならば「自然哲学の数学的諸原理」となる．このプリンキピアの中でニュー
トンは，すべての運動する物体が従うべき普遍的な 3 つのルール（法則）に
ついて述べている．

　これらは「慣性の法則（第一法則）」「運動の法則（第二法則）」「作用反作
用の法則（第三法則）」と呼ばれている．これら 3 つの法則ではそれぞれ，

- 慣性の法則：物体に力が働いていないとき，静止している物体は静止
  し続け，動いている物体は等速直線運動を続ける．

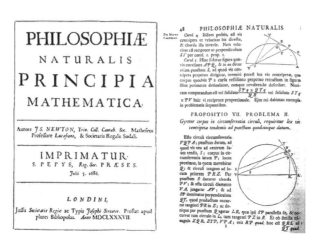

図 5.5　プリンキピア（Wikipedia）．1687 年に 3 巻組で刊行された．

- 運動の法則：物体の加速度は，物体に働く力に比例し，その質量に反比例する．
- 作用反作用の法則：二つの物体があり，その一方から他方へ力が働くならば，力を受けた物体から力を及ぼした物体へ，同じ大きさで逆向きの力が働く．

ということが述べられている．これら 3 つの法則を合わせて，「ニュートンの運動の法則」と呼んでいる．とくに，ニュートンの運動の法則の第二法則は，

$$（力）＝（質量）×（加速度）$$

という方程式の形で書き表すことができ，これを運動方程式と呼ぶ．運動方程式は物体の運動を調べる第一歩であり，ニュートンの発見から 300 年が過ぎた今でも様々な場面で用いられている．大学 1 年生レベルで学ぶ物理学の授業では，この運動方程式を駆使して物体の運動を調べることに重点を置かれている．

　また，我々の身の回りで物体の運動に最も大きな影響を及ぼす力である重力について，古典力学的に正しい認識をもたらしたのもニュートンである．（重力については後にアインシュタインが一般相対性理論を構築する中で再

考されることになるのだが，本書のレベルを超えるので割愛する．）ニュートンはリンゴが木から落ちるのを見て，万有引力を発見したという伝説が残されており，ニュートンの活躍していたケンブリッジ大学にはニュートンが見たというリンゴの木の子孫が残されている．リンゴや教科書やボールなどが，手をはなすと落下する（地球に引き寄せられる）のは，この万有引力の働きであり，日常的にはこの力を重力と呼んでいる．では，なぜリンゴが落ちることにより万有引力が理解されたのであろうか．リンゴと同様，身の回りのすべての物体は持ち上げた後に手をはなせば地面に落下する．しかし，地上から視線を挙げて空を見てみよう．空に輝く太陽や月，惑星たちは，何の支えもないにも関わらず，地上に落ちてくることはない．リンゴと月との違いは何であろうか？リンゴと月ではもちろんサイズも質量も全く異なる．しかし，地上の物体であっても天上の物体であっても，いかなる物体であっても共通のルール（ここでは運動の法則）に従うということが，ケプラーやガリレイら17世紀の科学者たちにより確立されてきた自然に対する考え方であった．リンゴが地上に向かって落下するならば，月も地上に落下するはずなのである．それにもかかわらず，月が地上に落下してこないのはなぜだろうか．この理由は，月は地球の周りを回転しており，その遠心力が月の落下を妨げているからなのである．逆に言えば，万有引力がなければ月はどこかへ飛んでいってしまうのである．つまり，ケプラーやガリレイの考えたのと同様に，地上のリンゴも天上の月も，実は共通のルールである自然法則に従って運動しているだけなのである．

　物体の運動を調べる上で，科学史上で決定的に重要な役割を果たしたのみならず，さらにニュートンは光学の分野でも優れた業績を残している．例えば，光のスペクトルについて初めて学術的な研究を行ったのもニュートンである．太陽の光をプリズムに通すと，虹のようにカラフルな何色かの色が現れる．これは，雨上がりの空に陽がさすと虹が見られるのと同じ原理である．これは，太陽の光はもともと様々な色の光を含んでおり，これらがプリズムや大気中の水滴によって分解されて見えていることを発見したのがニュートンである．ニュートンは光のスペクトルを詳細に調べ，1704年に「光学」と

いう著書にまとめ，この中で光はさまざまな色をもった粒子の集まりであるという光の粒子説を紹介している．

さらに，物体の運動を記述し，調べるのに用いられる数学的なテクニックである微分と積分もニュートンにより発明されたものである．大学以上の自然科学では，自然現象の大半は微分を含んだ方程式で記述されている．この微分方程式を解く（積分する）ことにより，物体の性質や振る舞いを調べることができる．微分と積分は現代科学にとってはなくてはならない便利なツールなのであるが，このツールを作り上げたのがニュートンなのである．しかし，この微分積分の発明に関しては，数学者ゴットフリート・ライプニッツとの間で激しい争いがあったようである．ニュートンはライプニッツ以外にも，前述のロバート・フックとも非常に仲が悪かったとされる．学者としては超一流であり，様々な原理や法則を打ち立てたニュートンだったが，人間関係まで円滑に構築できたわけではなかったらしい．

ところで，ニュートンの研究ノートには，数学や物理学についての記載以外に，多くの錬金術についての記述が残っていたことが知られている．また，20世紀になってから行われた，ニュートンの墓の発掘調査では，残されていたニュートンの毛髪から高濃度の水銀が検出されている．これは，ニュートンが自身，熱心に錬金術の実験的研究にのめり込んでおり，場合によっては水銀を含む薬品を意識的に摂取していた可能性すら示唆している．水銀の摂取は，不老不死の薬（賢者の石）が信じられていた古代以来，多くの錬金術師が試みてきた人体実験である．ニュートンは現代的な数学・物理学の体系を作り上げ，現代科学の創設者ともみなされる人物であるが，一方で錬金術のような（現代的視点では）非科学的な研究にも携わっていた，まさに科学の転換点，過渡期の人物だったのである．

5.4　科学革命

ここまでで見てきたように，ルネサンス期以降，ヨーロッパでは古代ギリシャ以来の科学的常識が批判的に再考されるようになっていった．そして，ケプラーやヴェサリウスらによる古典的知識の否定を受け，ルネサンス以降

の科学者たちは，それまで信じていた科学的常識を失うこととなる．そこで，この時代以降，科学者たちは，自分たち自身で自然の姿を調べていく必要に迫られていった．この際に強力な道具となったのが，顕微鏡や望遠鏡をはじめとする精密な観測装置である．これらの道具立てにより，科学者たちは過去の科学者が触れることのできなかった世界を見ることができるようになった．このような新しい世界は，当然古典的書物には紹介されておらず，科学者たちは自分たちで新しい世界を切り開いていかなくてはならない状況に置かれたのである．そこで，与えられた新しい道具を最大限に駆使して，自然の摂理を解き明かそうとしたのが，ガリレイやフックといった研究者たちであった．彼らは自然を観察する中で，自然現象には何らかの「普遍的なルール」のようなものが存在することに気付いていった．例えば，すべての物体は同じ割合で落下するというガリレイの「落体の法則」や，ばねの及ぼす力はその伸びに比例するという「フックの法則」などである．このようにして，17 世紀以降の科学では自然の従うべき普遍的なルールである「法則」を探求するというやり方が確立されることとなる．科学者たちは自然を貫く「法則」を探しだして数学を駆使して記述し，その「法則」を数学的に調べることで，自然現象をさらに詳しく調べていくという，現代的な科学の進め方を切り開いていくこととなったのである．

　自然界を支配する普遍的な法則があるとの考えは，それまで混同されがちであった科学と宗教を明確に区分することにもつながった．例えば，ルネサンス期以前のアリストテレス的世界観では，地球は人間の世界であり，地球以外の星々は全て神々の住む世界であった．やがて，ヨーロッパにキリスト教的な価値観が根付くと，神の似姿たる人間の住む地球は，宇宙の中心に位置して当然であるとの考えが支配的になる．さらに，神が作った星々は，完璧な運動，すなわち地球を中心とした円運動をするに違いない．そして，個々の星々も完全な球体であるに違いないという考えが定着する．神の作った宇宙は，このように数学的にも美しい姿をしていてしかるべきである，との宗教的な宇宙観に変化していくのである．ヨーロッパで中世に確立されたリベラルアーツに幾何学や音楽が含まれるのも，美しい幾何学図形の持つ調

和のとれた性質や，整った比率が作り出す美しい音階こそ，神がこの世を完全なものとして作ったという傍証を集め，キリスト教的な価値観を確固たるものにすることが強い動機として存在していたためである．しかし，ルネサンス期以降に確立された，「法則に支配される自然」という考えは，このような宗教色の強い古典科学を否定するものであった．17 世紀前後の学問の進展により，先述のような調和のとれた宇宙という描像は崩れ去った．例えば，天体の楕円軌道の発見や，望遠鏡の力を借りての木星の衛星の発見は，地球を中心とした完璧な宇宙という描像を完全に打ち壊した．そして，それに続くケプラーの法則やニュートンの運度の法則などは，元来神々の世界であった天体も，人間の世界であった地球上の物体も，すべて同様の法則に従って運動しているということを述べている．これは，神の世界も人間の世界も実は区別ができないということを意味し，宗教的な科学観を葬り去ることにつながっていったのである．

　自然現象を支配する法則の探求が科学者の主たる仕事となると，発見した法則を世に知らしめる場が必要となってくる．科学的な発見を公表するとともに，またその法則の第一発見者であることを認定する機関として，学問組織が誕生するようになったのも，この科学革命の時期である．これには，科学革命による科学と宗教の分離も影響しているのかも知れない．科学革命以前の科学的知識は，一種の神秘主義的秘儀であり，門外不出の秘密と考える者も多かったのである．発明家としても有名なレオナルド・ダ・ヴィンチが，自身のノートを盗み見られないよう鏡文字で記していたという逸話は有名である．しかし，そのような科学の宗教色が薄れてくると，逆に自身の発見を世に宣伝し，自身の有能さを喧伝することが重要であると考える科学者が多くなってきた．そのためには，自分の新しい発見が，本当に新しい発見であることを保証してくれる場，現代でいうところの「学会」が必要となったのである．そこで，新たに設立された「学会」では，新しい発見を記した論文を受け付け，権威ある科学者たちがその発見にお墨付きを与えるというシステムが作られたのである．

　このような学問組織は，初めニュートンやフックが活躍していたイギリス

で誕生する．ロンドンの王立協会が設立されたのが 1662 年であり，ちょう
ど科学革命の後期にあたる時代であった．ついで，1666 年にはフランス王立
アカデミーが誕生する．その後，ドイツなど欧州諸国で同様の学問組織が相
次いで設立されていくのである．はじめのうちは，これらの組織は研究者た
ちの内輪のサークルのようなものであった．しかし，後述するように 18 世
紀に入り，工業や産業への科学の影響力が増すにつれ，国立の研究組織が整
備されると，次々と新しい発見や技術の進展につながっていくようになる．

　このように，ルネサンスにおける古典文化の再検討を契機に，科学の分野
においても，古代から受け継がれてきた科学的知識の批判的考察が進んだ．
その中で，キリスト教的世界観と結びつくことで 2000 年近くの長きにわた
り欧州世界での常識としてとらえられてきた，アリストテレスを代表とする
古代ギリシャの自然観が実際の自然を反映していないことが明らかとなっ
た．そこで，自然の実像をとらえるため，科学者たちは自ら実験を行い，数
学的知識を駆使することにより，自然を支配する法則を探求していくことを
強いられていくのである．このように，文献研究を中心とした自然哲学が，
17 世紀頃からは実験観察を通した論理的な自然法則の探求という形に，大
きく変貌を遂げたのである．このように，17 世紀頃には科学者の持つ自然
に向かう姿勢が大きく転換したのである．この姿勢転換は科学の進め方その
ものを変える，非常に重要なものであった．このような 17 世紀における科
学の進め方の一大転換を「科学革命」と呼ぶ．

　科学革命の意義は，法則の希求や科学と宗教の決別など，現代的な科学の
礎を築く上多岐にわたるが，数学の利用も非常に重要である．ガリレイが実
験を通じて，落体の落下距離が時間の 2 乗に比例することを示して以来，数
学を用いて自然の摂理を示すことが有用であることを多くの科学者が認めて
いった．ケプラーが天体の運行を明らかにする際に，円よりも複雑な楕円を
導入した際にも洗練された数学的な知識が大きく役に立った．このような自
然法則の数学的な記述に関しては，ニュートンの同時代の科学者たち，光の
波動説を唱えたクリスティアン・ホイヘンスや先述のフック，ニュートンと
微積分の発明を競ったライプニッツや，ニュートンの運動の法則を確証した

エドモンド・ハリーなど多くの先人たちの寄与があった.

　ちなみに，20世紀最大の科学史家・科学哲学者の一人であるトマス・クーンは，自然に向かう科学者の姿勢は断続的に変化し続けているとし，これらの変化を「scientific revolutions」と複数形で呼んでいる．これに対し，17世紀に起きた自然観の一大転換は「Scientific revolution」または「The scientific revolution」と呼ばれる．クーンの定義によれば，科学革命は一つではなく，いくらでも起き続けるものではあるが，17世紀の科学革命は歴史上の自然観の変化〜クーンの言葉を用いればパラダイムシフト〜の中でも最大規模のものであったことは間違いがないであろう.

第 6 章

産業革命と熱力学の誕生

　暗黒の中世から抜け出したヨーロッパでは，ルネサンスや大航海時代を経て，経済的に完全復活を遂げる．その後に続く好景気と労働力の不足を受け，新しい動力機関である「蒸気機関」の実用化が進められる．これにより，様々な製品の大量生産や大量輸送が可能になり，産業構造が家内制手工業から工場制機械工業へ変化していく．この一連の出来事を「産業革命」と呼ぶ．産業革命の立役者である蒸気機関は熱を仕事に変えるシステムであり，蒸気機関の性能向上を目指し，熱についての理解も深められていくこととなる．

6.1　産業革命

　16 世紀からの大航海時代，欧州各国は世界中に植民地を築き，富や資源を集めて空前の好景気に沸いていた．その中でも特に大きな成功を収めたのがイギリスである．イギリスは 16 世紀から 17 世紀にかけてはスペイン・ポルトガルに出遅れたこともあり，初期の海外植民地はインドなどの一部であったが，東インド会社を設立してアジアから綿糸や茶葉を輸入し，経済的には大きく成長を遂げた．そして，最盛期には北米，インドや東南アジアの一部，オセアニア，アフリカの一部などを植民地化し，世界最大の帝国として君臨することとなる．このような海外貿易による好景気の中，イギリスではよりよい職を求めて都市部への人口集中が進んでいった．その結果，都市部での日用品，とくに衣服の需要が急速に高まることとなる．中世までは欧州での衣服は毛織物が主な生地として使われていた．しかし，生産性の低い毛

織物では高まる需要に追い付かず，綿織物が衣料品の主要な生地として用いられるようになる．16 世紀，イギリスにおける綿織物の生産は伝統的な機織り機を用いた手作業の家内工業が主であった．しかし，高まる需要に応じるため，綿織物生産の効率化は急務であった．そんな中，1733 年に発明家ジョン・ケイが「飛び杼」を発明する．飛び杼とは，糸巻を内蔵した木製の器具（シャトル）と，それを水平方向に打つ出す装置である．このシャトルを交互に張った経糸の間に滑らせることにより，織物の効率を上げる仕組みとなっている．手動ではあったものの，ジョン・ケイは飛び杼を片手で操作できる仕組みを開発し，これによって綿織物を織る効率が 3 倍に上がったという．飛び杼は徐々に利用が進み，1760 年には多くの生産現場で利用され，布の生産性が大幅に向上するとともに，織物生産の半機械化が進むようになるのである．

　飛び杼の登場により布を織る作業は大幅に効率化された．しかし，布を織る作業が進捗すると，今度は布の材料となる綿糸の供給が滞ることとなった．18 世紀まで，綿糸の生産はすべて手作業で行われていた．つまり，綿の実から繊維を撚り出し，一本ずつ糸を紡いでいくのである．当然人手も時間もかかる作業であった．綿布の生産力を向上するには，この糸紡ぎの作業効率を向上させる必要がある．そこで，当時の技術者たちは糸紡ぎを自動化する仕組み，すなわち紡績機の開発に乗り出すこととなる．初期の紡績機はイギリスで実用化される．紡績機は人間の指によらず，機械により綿を引き伸ばし，撚り，巻き取るという作業を自動でやってくれる仕組みである．人間の仕事は綿を機械にセットし，あとはハンドルを回すだけとなる．紡績機は急速に改良が進んでいき，やがて登場するジェームズ・ハーグリーブスが開発した「ジェニー紡績機」は安価で使いやすく，広く普及することとなる（図 6.1）．紡績機が技術的に円熟すると，さらに水力を利用することで，紡績の作業はさらに効率化されることとなる．このような紡績機の開発と水力を用いた作業により，綿糸の生産性が向上したが，これにより今度は綿布の原料である綿糸が供給過剰な状態となってしまう．飛び杼により布を織る作業は効率化されていたが，大量に供給される綿糸を捌くには人の手による機

織り作業では追い付かないのである．そこで，布を織る作業においても人間の労働を極力抑えた自動織機の開発が求められるようになっていく．

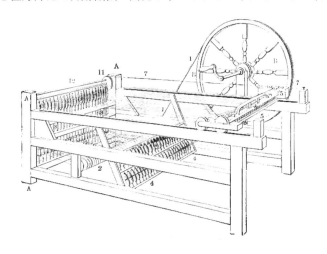

図6.1　ジェニー紡績機の図面（Wikipedia）．この時代，手作業による糸紡ぎもよりもはるかに効率よく糸を撚れるジェニー紡績機は大ヒット商品となった．後にクロンプトンがジェニー紡績機を改良し，自動化したミュール紡績機を発明し，糸の大量生産が可能となる．

　飛び杼による糸送りを機械式にした機械式機織り機はすぐに登場する．しかし，人力を動力源として機を織る以上，疲労のために長時間の仕事はできない．おまけに人件費もかかる．そこで，人力による機織りを，動力の部分から機械化したいとの要望が工場経営者から上がるようになる．しかし，当時実用化されていた風力は天候任せで思うように作業の効率化ができず，水力を用いるには工場が河川の傍に立地している必要があった．当然，人力・風力・水力によらず，いつでもどこでも使え，強い力が得られる動力があれば申し分ないわけである．そして，ついに，このような夢の動力がついに実現するようになる．それが蒸気機関である．

　蒸気機関のアイデア自身は，工業の急速な発展に先立つ17世紀末にはフランス生まれのドニ・パパンによって提唱されていた．（同じく水を沸騰させて得られる蒸気を用いたエンジンである蒸気タービンは，1世紀に古代ギリシャのヘロンがアイデアを提案している．）パパンの考えは次のような素

朴なものであった．容器に入れた水を加熱すると蒸発して水蒸気になる．液体の水が水蒸気になると，体積が約 2000 倍にまで大きくなるので，水蒸気は外部に対して仕事をする．この仕事を機械的仕事に変えれば役に立つというものである（図 6.2）．パパンが原始的蒸気機関を考えた頃には，その意義は明らかでなかったが，後にこのアイデアは実用化されることになる．

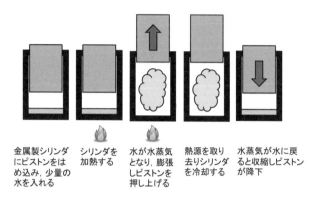

金属製シリンダにピストンをはめ込み，少量の水を入れる　　シリンダを加熱する　　水が水蒸気となり，膨張しピストンを押し上げる　　熱源を取り去りシリンダを冷却する　　水蒸気が水に戻ると収縮しピストンが降下

図 6.2　パパンの蒸気機関．水蒸気の圧力を介して，熱を力学的な仕事に変える素朴な装置であるが，実用化には半世紀もの時間が必要となった．

　実際に実用に耐え得る蒸気機関を初めて開発したのがトマス・ニューコメンである．ニューコメンはお湯を沸かすボイラーとピストンを分離し，はじめて実用に耐え得る蒸気機関を発明した（図 6.3）．彼の蒸気機関は安定して運転することができたが，非常に巨大な機関であり，屋内の工場で工業機械の動力として用いられるよりも，主として鉱山で採掘中に出てくる地下水をくみ上げて排水するのに用いられた．パパンのアイデアから数十年を経て蒸気機関が実用化されるにあたっては，ニューコメンの卓越した設計もさることながら，高温に耐え得る材料技術の進歩や，蒸気を逃さずに滑らかに動くピストンを作成しえる金属加工技術の地道な進歩があったことも重要である．
　ニューコメンの蒸気機関を改良し，さまざまな用途に適用できるようにしたのが，ジェームズ・ワットである．ニューコメンの蒸気機関はピストンの上下運動をそのまま機械の仕事に当てていたのに対し，ワットはピストンの上下運動をうまく回転運動に転換できる工夫を発明した．蒸気機関から回転

運動を取り出すことができるようになったことで，蒸気機関は幅広い分野で利用可能になった．さらにワットはピストンから蒸気を抜き取り，冷やして水に戻す復水器を追加した．これにより，熱い蒸気に満たされたシリンダを直に冷却する必要がなくなり，蒸気機関の効率を大幅に上げることにつながった．また，ピストンとシリンダのバランスを最適化したりするなどの工夫により，1770年前後に蒸気機関の利用効率を飛躍的に上げることに成功した（図6.3）．ワットによる蒸気機関の改良を受け，布を織る作業に蒸気機関を応用した機織りのための機械（力織機）がすぐに開発され，紡績の機械化と併せて，ついに完全機械化による織物の大量生産が可能になったのである．

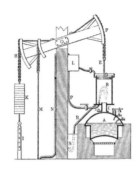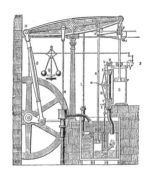

図6.3 ニューコメンとワットの蒸気機関（Wikipedia）．図の縮尺は正しくない．ニューコメンの装置（左）は高さが10m近くあり，工場での動力にしては大きすぎた．それに対しワットの蒸気機関（右）は小型で汎用性が高く，工場などで様々な用途に利用することができた．

　布の大量生産を進める過程は，機械工学のみならず工業化学の分野にも大きな進展を促した．当時，布の原料となる綿花はインドから長期間かけて輸入されており，そのままでは売り物にできないほど汚れていた．売り物になるような白い布地を作るには，綿糸・綿布の漂白作業が必要であったが，当時の漂白技術は未熟であり，漂白作業が紡績や機織りに間に合わなかったのである．

　18世紀当時，糸や布の漂白は大変手間のかかる作業であった．汚れた糸や布の汚れを落とし，きれいな白い綿糸に仕上げる手順は次のようなものである：はじめに灰や製粉屑を煮込んだ汁に綿糸を数日間漬け，油脂分を除くアルカリ処理を行う．次に2日間天日にさらして乾燥させる．その後，酸化し

た脱脂粉乳に綿糸を 5 日間漬ける酸処理により付着した金属分を落とす．酸
処理を終えた綿糸は石鹸で洗浄される．以上の作業を数回繰り返すことで，
綿糸を白い，商品として通用するものに仕上げるのである．これには数か月
にわたる時間と，広い作業場所，そして何日にもわたる晴天が必要であり，
非常にコストのかかる作業であった．

このような面倒な漂白作業を効率化するには，汚れを落とすのに使われる
酸やアルカリの薬品の品質を上げることがまず必要であった．酸やアルカリ
の製法自体は，10 世紀前後にイスラム世界の錬金術師たちによって確立され
ていたが，大量生産することは難しかった．そこで，18 世紀，欧州の国々で
は薬品の大量生産方法の開発に懸賞金が出されるようになり，国を挙げて化
学工業の振興が推し進められるようになる．多くの技術者，医師，科学者，
錬金術師がこぞって研究を進めた結果，化学薬品の新しい生産方法が次々と
生み出されるなど，化学工業分野がこの時期に大きく発展することとなる．
これらの努力を経て，高品質な化学薬品が大量生産可能となり，綿糸や布の
漂白工程も従来の数か月から，1 週間程度まで短縮されるにいたった．

ちなみに 19 世紀の化学工業の発展は，産業の発展以外の負の側面も持っ
ていた．当時は環境に対する配慮などの意識が希薄であり，化学薬品工場で
は人体に害を及ぼし環境を汚染する化学廃棄物がそのまま河川などに廃棄さ
れていた．これにより，工場の立地近くでは深刻な健康被害を生じることと
なった．これが現代でも各地で問題となっている環境問題の始まりであった．

このように，布などの製品の大量生産が可能となると，今度は郊外の工業
地帯で大量生産された布を，消費地である都市部に輸送する手段が不足する
事態が発生する．この輸送能力の不足には，当時の世界情勢も大きくかか
わっていた．18 世紀以前，ヨーロッパにおける輸送機関の主力は馬車であっ
た．また，運河を掘って船を浮かべ，その船を運河沿いの道から馬に引かせ
る曳舟も普及し，多くの輸送用運河が掘られていた．いずれにせよ，輸送機
関の主な動力は馬が担っていたといってもよい．しかし，18 世紀になると，
ヨーロッパではナポレオン戦争など，多くの戦争が断続的に発生することと
なる．戦争では馬を使うため，馬や試料の値段が高騰した．一方で蒸気機関

による物資の大量生産は，輸送力の拡充を強く要請していた．このような状況のなか，馬にかわる輸送動力として蒸気機関に注目が集まったのは当然であろう．

蒸気機関は当初，乗り物の動力には不向きとされていた．これは蒸気機関には巨大なボイラーが必要であり，小さな車体に乗せることが難しかったためである．よって，蒸気機関を用いた乗り物の開発には，まず蒸気機関の小型化が必要であった．これに最初に挑戦したのが，イギリスの技術者，リチャード・トレビシックらであった．トレビシックは蒸気機関を独自に改良し，小型化，軽量化，高出力化を達成し，1803年に初めて鉄道車両としての蒸気機関車の開発に成功した．しかし，トレビシックの蒸気機関は出力を上げるためにボイラーの圧力が高くなっており，当時の材料技術が未熟だったためにボイラーの爆発の危険性が高く，商業運転にこぎつけるまでには至らなかった．

蒸気機関車を実用化に導いたのがジョージ・スチーブンソンとロバート・スチーブンソンの技術者父子である．スチーブンソン父子は蒸気によりピストンを動かすシリンダを2基乗せた2気筒の蒸気機関車「ロケット号」を開発し，蒸気機関車の安全性，安定性，速度を大幅に向上させた（図6.4）．ロケット号の開発を受けて，イギリスでは本格的な鉄道敷設が始まる．1830年には内陸の工業地帯であるマンチェスターと，港町リバプールの間の128kmが鉄道で結ばれ，商業運転が始まる．その後，鉄道網の拡大と高速化が進み，1846年には鉄道の標準軌が制定された．これはイギリス各地でバラバラに作られていたレールの幅を統一するもので，4フィート8.5インチ（143.5 cm）と定められた．このレール幅は現在でも世界各地で採用されており，日本の新幹線の線路幅もこれに準じている．

蒸気機関の輸送機械への利用は，実は陸上交通よりも先に水上交通で進められていた．重量やスペースに制限のある機関車に比べ，船では大きく重い蒸気機関の積載が容易だったためである．このような蒸気機関を動力とする蒸気船の開発は19世紀初頭にまでさかのぼる．初めての実用的蒸気船はイギリスのクラモント号だといわれている．これ以後，多くの河川で相次ぎ蒸

図 6.4　2気筒エンジンとロケット号（Wikipedia）．スチーブンソンらは，水蒸気で駆動するピストンを二つにわけ，これらを交互に動かす機構を使うことで，鉄道動力にも耐え得る小型で高出力の蒸気機関を作り出した．右図は二気筒エンジンを搭載したロケット号で，「機関車トーマス」にも登場する．

気船航路が誕生し，物資の大量輸送に利用された．しかし，開発当初，蒸気船は陸地から離れた外洋航海では使用することがなかった．これは，長い航海では蒸気機関で必要となる燃料補給ができない点や，開発当初は船体が重くなるために速度が帆船に及ばないという欠点があり，むしろ風が吹かず，帆船による航行のできない内陸の河川航路で力を発揮したのである．19世紀半ばとなり，船の材料に鉄が利用されるようになると，船体の大型化が急速に進むようになる．木造船では材料強度の問題から，船体の大きさに限界があった．ところが船体に鉄を利用することで材料強度の問題が克服され，さらに大きな船体を構築することが可能となった．船体に十分な積載量が確保できるようになると，外洋航海にも十分なだけの燃料を積むことが出来るようになる．また，船体が大型化，重量化すると，風の力だけで進む帆船では動力不足となり，蒸気機関が外洋航海でも利用されるようになってくる．

　さらに 1869 年には地中海と紅海を結ぶスエズ運河が開通し，アジアとヨーロッパの航路を大幅に短縮した．スエズ運河は強い風の吹かない内陸の運河であり，風がなくても運行できる蒸気船普及の大きな動機となった．蒸気船によるスエズ運河経由の航路が確立されたことで，それまでアフリカ大陸南端の喜望峰を回って 100 日以上かけて航行していた中国＝欧州間の移動がわずか 40 日に短縮されるようになった．

　このように，17 世紀から 18 世紀にかけて，おもにイギリスを中心に，産

業技術の飛躍的向上が見られた．前述のとおり，イギリスにおける産業技術の発展は布産業を中心とした軽工業部門で進められ，やがて重工業や運輸業にまで広まっていった．この産業技術の革新期には，様々な需要を満たすための発明がなされると，さらに続いて需要が発生し，それを満たすための更なる新技術が登場する，というステップが繰り返されていった．そして，この時期に取り入れられた最大の革新的技術が蒸気機関の発明であった．蒸気機関は人力や家畜に比べてはるかに大きな仕事を生み出すことができ，かつ，風力や水力に比べてはるかに安定的に場所を選ばずに運転することができた．蒸気機関の登場は工場などの生産分野のみならず，運輸動力を根本的から変える，まさに革命的な出来事であった．それまでの，職人たちが自宅や集団作業場でものつくりを担う「家内制手工業」「工場制手工業」から，工場で機械により大量生産を行う「工場制機械工業」へと産業構造が変化したのである．このような，わずか100年あまりの間に起こった産業技術の一大革新のことを，「産業革命」とよんでいる．

6.2　熱力学の誕生

　産業革命後期の18世紀末から19世紀初頭にかけての欧州は，空前の好景気と産業界の大きな発展が見られると同時に，戦争に明け暮れた時代でもあった．フランス革命に始まるフランスの政体の混乱や，欧州全体を巻き込んだナポレオン戦争をはじめ，ドイツ，ロシア，北欧などでも戦争が続発した時代であった．このような時代，各国は軍備を増強すべく新しい技術を必要としていた．後に日本にも来航して，江戸の人々を震え上がらせた，蒸気機関を搭載した軍艦や，当時唯一の空を飛ぶ方法だった熱気球など，新しい技術の軍事転用の可能性を探るため，当時の欧州列強諸国は相次いで国立の研究所を設立していった．国の税金を投入して優秀なエンジニアを集め，産業基盤の拡充と軍事技術開発を担うための機関を組織していったのである．その先陣を切ったのはフランスで，1794年に科学・工学の研究機関，エコールポリテクニクを設立している．次いでイギリスでは1799に王立研究所が設置されている．このように，当初は戦争に勝利することを目的として，こ

の時代以降とくに欧州では，科学と技術が公共事業として推進されていくこととなる．

　国立研究機関で多額の資金と有能な人材が研究につぎ込まれるようになると，その中で多くの成果が生まれるようになる．例えば，当時の最大の関心事であった熱機関の研究にあっては，特に重要な発見である「カルノーサイクル」の発見が成し遂げられることとなった．フランスのエコールポリテクニクで熱機関の研究に当たっていたニコラ・レオナール・サディ・カルノーは，1824 年，熱効率をできる限り良くし，少ない熱で大きな仕事を取り出すことのできる機関を考えていた．そして，ついに，ある手順（等温膨張 → 断熱膨張 → 等温圧縮 → 断熱圧縮）で熱機関を運転することにより，熱を仕事に変える効率が最大となることを発見したのである（図 6.5）．彼の発見したサイクルはカルノーサイクルと呼ばれている．彼の名を関した熱機関は現代でも熱力学の教科書には欠かすことのできない重要事項となっている．

　カルノーサイクルの発見は，それ自身熱力学上の重大発見であった．しかし，長い目で科学と技術の歴史を見ていく上で，カルノーの発見はそれ以上の意味を持っている．カルノーの発見以前，熱機関の改良は技術者の勘と経験に基づいたものであった．しかし，ひとたび最適化の理論が見つかってしまえば，あとは最適な効率に近づくよう設計を行ってやれば，勘と経験の利かない人間でも，ある程度の効率をもったシステムが生み出されるのである．カルノーの発見は，ものつくりにおいて勘と経験が支配するパラダイムから，合理的設計のパラダイムへの転換を促したものといえるだろう．

　ここで，この時代における，「熱」についての認識について触れておこう．中世から 17 世紀までの間，「熱」とは，「炭素」や「酸素」，「鉄」などと同じような元素の一種であるとの考え方が主流であった．すなわち，物質の中には多かれ少なかれ「熱素（カロリック）」という元素が含まれており，燃焼したり摩擦が働いたりすると，物質中から熱素が出てくることで，我々は物体の加熱を感知するのである．熱素と同様，物質には「燃素（フロジストン）」と呼ばれる元素も含まれていると考えられていた．これは，炎の元となる元素で，燃素が多く含まれている木や蝋，油や石炭などの物質は良く燃

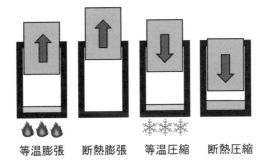

図 6.5 カルノーサイクル概念図.蒸気機関のような熱機関は,ある決まった手順で動かすことにより効率を最大化できることがカルノーにより発見された.すなわち,一定温度での加熱(等温膨張),熱源を取り去っての膨張(断熱膨張),一定温度での冷却(等温圧縮),そして冷却源を取り去っての圧縮(断熱圧縮)の組み合わせである.

えるが,土や金属のような物質は燃素をほとんど持っていないために,燃やすことができないのであると考えられていた.そして,物質から燃素と熱素が激しく噴出している状態が「燃焼」であり,燃素と熱素を失った結果,物質は灰や炭のような燃えカスに変化したと信じられていたのである.後述するドルトンの原子説や,精密な科学実験方法が登場する以前は,熱に対する理解は現在の理解とはかけ離れたものであった.

　このような状況のもと,熱の理解のきっかけをもたらしたのが,アメリカからヨーロッパにわたってきた技術者のランフォード伯ベンジャミン・トンプソンである.イギリスで活躍したのちにドイツに渡ったランフォード伯は,1798 年のある日,軍の工房で大砲の製作現場を眺めていた.工房では大砲の砲身のくりぬき作業を行っていた.ここでランフォード伯はあることに気が付く.鉄製の砲身をドリルで削っていくと,摩擦熱により砲身が熱くなる.あまりに熱くなると作業ができなくなるので,冷却する必要がある.冷ました後にまたドリルで削っていくと,熱が発生する.このように,削れば削るほど熱が出てくるのである(図6.6).当時はまだ,熱は熱素という微粒子でできており,燃焼させたり摩擦を繰り返したりすると,物質中に含まれていた熱素が外に出てきて,熱を発するものだという考えが広く信じられていた.しかし,砲身のくりぬき作業では,摩擦と冷却を繰り返すと無限に

熱が発生しているように思えた．この熱はどこからやってくるのだろうか．
砲身の材料に無限とも思えるほどの熱素が詰まっていたのであろうか．それ
とも，熱は外部から砲身に供給されたのであろうか．ランフォード伯はここ
で，ドリルから与えられる力学的な運動に着目した．砲身は熱を放散している
が，その分，ドリルから「運動」を得ているのではなかろうか．つまり，力
学的な運動が熱を生み出す元になっているのではないだろうか．そのように
考えれば，冬場に手をこすり合わせれば熱で手が温まるように，運動に付随
して熱が発生すること，また運動さえ加えれば無尽蔵に熱が発生することが
合理的に説明できる．つまり，熱素などの仮想的な微粒子は必要なく，力学
的な運動が熱を生み出すことにランフォード伯は気づいたのである．

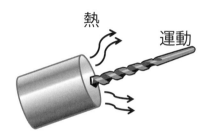

図 6.6　運動により熱が生まれる．大砲の砲身とするため，金属の筒をドリルで削ると摩擦によ
り熱が発生する．あまり高温となると作業ができないので，一旦冷やした後にまた削ると，また
熱が発生する．このように熱は金属筒から無尽蔵に出てくるように思える．しかしランフォー
ド伯は，熱は金属から出るのではなく，ドリルの運動により生み出されていることを見抜いた．

　蒸気機関のような熱機関は，熱を力学的な運動に変化させるシステムとい
える．一方，力学的な運動によっても熱が生み出されることがわかったので
ある．つまり，力学的な運動と熱は相互に変換可能なものだったのである．
すると，力学的運動と熱を共通にはかる尺度が必要となってくる．このよう
な要請に応じて新たに用いられるようになった概念が「エネルギー」である．
　エネルギーとは力学的な運動と熱を共通に測る尺度として生み出されたも
のである．仕事と熱を共通に規定し，かつ総量が保存するのがエネルギーと
いうものである．総量が保存するというのは，熱エネルギーが減ると力学的
エネルギーが増え，力学的エネルギーを使うと熱エネルギーが増えるという
ことである．エネルギーは異なる場面で何らかの価値を数値化する「通貨」

のようなものだと考えてもよい（図 6.7）．米国ではドルという通貨で価値が
表されるのに対し，日本では円によりものの価値が表される．ドルと円はお
互い交換可能であり，交換してもその価値が失われることはない．同様に熱
の価値は熱エネルギー，運動の量は運動エネルギーで表され，これらは価値
を保ちつつ交換可能なのである．このように総量が不変であることを「保存
する」といい，エネルギーだけでなく，質量・運動量・電気量など，自然科
学の多くの場面で保存する量が登場する．

図 6.7　エネルギーとは通貨のようなもの．日本では円で，米国ではドルで物を買うことがで
きる．これらは通貨と呼ばれ，お互いに交換することができる．一方熱と力学的運動もお互い
に交換可能であり，これらはエネルギーと呼ばれる．

　熱と運動の関係を理論的に体系づけたのが，イギリスのジェームズ・ク
ラーク・マクスウェルと，ドイツのルートヴィッヒ・ボルツマンであった．
彼らは，物質を構成する原子と分子の運動に熱の起源を求めたのである．当
時すでに，気体や液体などの物質が実は多くの粒子（原子，分子）の集まり
であるとのアイデアが存在した．このような粒子により物質が構成されてい
るとの考えは，古くはギリシャ時代の自然哲学者デモクリトスにより提唱さ
れていたが，近代科学としては，19 世紀初頭にジョン・ドルトンにより体系
化されていた（後述）．マクスウェルとボルツマンは，この原子・分子の運動
に熱の起源を求めたのである．彼らの提案した説によれば，物質を構成する
原子・分子は，それぞれ多かれ少なかれ運動している．そのような原子・分
子の平均的運動速度が大きい時，物体の熱量が大きい．一方，原子・分子の
運動速度が小さい時，そのような物体は熱量が小さいと考えるのである（図
6.8）．このように，原子・分子の運動の大きさが熱に対応すると考えると，
運動と熱の関係の整合性が合理的に説明できる．物質が外部から運動を受け

取ると，物質を構成する原子分子の運動が大きくなる．これは熱の大きな状態である．一方，熱は原子分子の運動なので，この運動を外部に移すことで原子分子の運動が小さくなり，熱量が小さくなる一方，外部には運動を取り出すことができるのである．このことは後の時代に，20 世紀最大の天才，アインシュタインによって証明されることとなる．

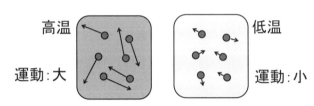

図 6.8　原子分子の運動と温度．マクスウェルとボルツマンは，熱とは「原子の運動の大きさ」であると提案した．つまり，高温の物体は，内部の原子がはげしく運動する．高温の物体に手を触れると，この原子が激しく手に衝突し，熱く感じる．一方で，低温の物体は，原子があまり動いていない．

第7章

電磁気学の誕生

　電気は現代の生活には欠かすことのできないものであるが，その研究が本格的に始まるのは18世紀頃からである．この時代，電気や磁気に関する実験が盛んに行われ，電気と磁気を関係づける電磁誘導の法則が明らかになった．そして，電気と磁気の作用はマクスウェルによりまとめられ，その基本方程式より数学的に電磁波の存在が予言された．電気と磁気についての理解が深まるとともに，電気の産業での利用が始まる．通信や照明などから始まった電気の利用は，やがてモーターの改良により蒸気機関にとってかわって産業界の主たる動力源となっていくこととなる．

7.1　静電気・静磁気

　人類は意外と古くから電気の存在を認識しており，その記録は紀元前にまでさかのぼることができる．当時より，宝石の一種であるコハクを動物の毛皮でこすると，周囲の塵や埃を吸い寄せることが知られていた．これは下敷きを洋服でこすってから頭に近づけると髪の毛が逆立ったり，冬場にセーターを着たり脱いだりするときパチパチと刺激が感じられる，いわゆる静電気と同じ現象である．静電気の存在と同様，磁石の存在も紀元前から知られていた．磁石の英語であるマグネットはトルコの古い地名であるマグネシアに由来するとも言われる．マグネシアで産出されたある種の鉱石には，釘のような小さな鉄片を引き寄せる作用があったのである．このように，ものを引き寄せる作用としての静電気や磁気は古くから記録に残されているが，そ

れが自然科学の研究対象となり，産業に応用されるまでには実に 2000 年以上の歳月が必要であった．これは，静電気や磁気の作用の主体は目に見えず，どのように研究していいかがわからなかったこともあるだろう．また，17 世紀以前までは静電気や静磁気は量を測って必要な分を作ることができない上，作った静電気を貯めておくこともできず，定量的に研究するには非常に不向きな題材だったのである．

　しかし，17 世紀に入ると状況に変化が現れる．電気を作ったり貯えたりする技術が開発されるのである．17 世紀には，真空ポンプの発明者としても有名なドイツのオットー・フォン・ゲーリケが摩擦電気を応用した起電機を発明する．これにより，研究者は好きな時に大量の静電気を発生させることができるようになった．日本でも平賀源内がエレキテルと名付けられた起電機を作成しているが，これは欧州からもたらされた起電機を平賀源内が独自に修理改良したもののようである（図 7.1）．日本ではエレキテルは科学の研究というよりは，もっぱらパトロン向けの興行や医療目的に利用されたようである．起電機の登場に引き続き，18 世紀にはオランダのピーター・ファン・ムッシュンブルクが電気をためておく仕組みを考案する．彼の考案したしくみは，ガラス瓶の内外に薄い金属箔を張り付けたもので，現在でも多くの電気製品に使われているコンデンサーという電気部品とまったく同じ仕組みのものである（図 7.2）．この電気をためる瓶は，ムッシュンブルクが研究していたライデン大学にちなみ，ライデン瓶と呼ばれている．ライデン瓶の登場により，研究者たちは静電気を蓄えて置き，必要な時に静電気を取り出して実験を行うことができるようになったのである．

　さらに電気の研究を進める原動力となったのが，1800 年にイタリアのアレサンドロ・ボルタにより発明された電池である．ボルタは，同じくイタリアの生物学者，ルイジ・ガルバーニの発見した動物電気についての研究を行っていた．ガルバーニは死んだ蛙の脚に金属製のメスを当てたところ，脚が激しく痙攣（けいれん）したことから，動物には電気を起こす力があると考え，動物電気と名付けていた．しかし，実はこれは蛙の脚を支えていた金属と，別の金属で作られたメスが触れたために発生した電気だったことがボ

図 **7.1**　　起電機．図は平賀源内の作ったエレキテルの模型．ハンドルを回すと内部の硫黄棒と猫の毛皮が擦れ合い，静電気を発生させる．Momotarou2012 (`https://commons.wikimedia.org/wiki/File:Elekiter_replica.jpg`)，"Elekiter replica", grayscaled by none., `https://creativecommons.org/licenses/by-sa/3.0/ legalcode`

図 **7.2**　　ライデン瓶．ガラス瓶の両面を金属箔でコーティングしたもの．瓶の中に静電気を導入すると，しばらくの間電気を保持できる．現在多くの電気製品で利用されているコンデンサーという回路部品と同じ仕組みである．

ルタらによる追実験を通して明らかになる．異なる金属を接触させると電気が流れることを利用して作られたのが，ボルタの電池である．ボルタは銅と錫（スズ）の円盤を交互に積み重ね，その間に食塩水をしみこませた厚紙を挟んだ装置を作成した（図7.3）．この装置の両端を導線でつなぐことで，安定した電気の流れ，すなわち電流を発生させることに成功したのである．後にわかることであるが，この仕組みは金属のイオン化傾向の違いを利用したもので，現在使われている電池と基本的には同じ仕組みである．電池の登場により，研究者はいつでも好きな時に，安定した電気の流れを継続して得ることができるようになった．一定の電流を使うことができるようになったことで，電気についての定量的な研究を行う環境が整ったのである．

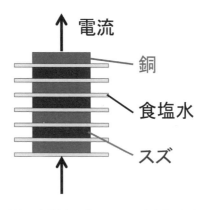

図 7.3 ボルタの電池：異なる金属を組み合わせ，間に食塩水などをしみこませた布や厚紙を挟み込むと，イオン化傾向の違いにより電流が発生する．現代でも使われている電池と基本的には同じ仕組みである．

7.2　科学としての電気と磁気

　電気に関する初期の研究の中で，特に重要な発見の一つに「クーロンの法則」の発見が挙げられる．これは18世紀後半，イギリスのヘンリー・キャベンディッシュとフランスのシャルル・ド・クーロンにより独立に発見された，2つの電荷に働く力に関する法則である．発見はキャベンディッシュの方が早かったとされるが，キャベンディッシュは生前にこの発見を公表しなかったために，法則にはクーロンの名前が付けられている．キャベンディッ

シュとクーロンは，二つの電荷の間に働く力を詳細に検討した．電荷にはプラスとマイナスの2種類があり，同符号同士は反発するが，異符号の電荷同士は互いに引き寄せあう．彼らは，この電荷同士に働く力を詳細に調べることで，力は「二つの電荷の大きさの積に比例」し，「電荷の間の距離の2乗に反比例する」ことを明らかにした．これをクーロンの法則と呼ぶ．クーロンの法則はそれ自体，電荷に働く力を定量的に明らかにしたという意味で大変重要な発見である．しかし，この法則はさらに重要な結果を伴うこととなる．クーロンは電荷に変えて，磁石に働く力も詳細に調べてみた．よく知られているように，磁石もS極とS極，N極とN極は反発しあうが，S極とN極は引き付けあう．これは異符号同士で引力，同符号で斥力となる静電気の力と極めてよく似ている（図7.4）．そこでクーロンは，磁石に働く力の大きさも詳細に測定したところ，磁石同士に作用する力も電荷の場合と同様に「磁石の強さの積に比例」し，「距離の2乗に反比例する」ことを発見したのである．つまり，電荷同士に働く力と磁石同士に働く力は，同じ性質を持っていることがわかったのである．電気と磁石，一見すると異なるように思える二つの事象が，まったく同じ法則で表されるということは，これらの間に何か更なる関係性があることを強く示唆している．

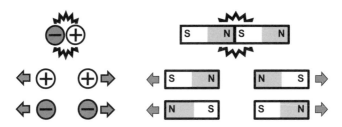

図 **7.4** 電荷と磁石の概念図．電荷に働く力も，磁石に働く力も，ともに異符号同士は引き合い，同符号同士は反発する．その力の大きさは距離の2乗に反比例するなど，共通の性質を示す．

電気と磁気の類似性が明らかになると，これらの関係性を探るための実験が多く実施され，電気と磁気についての理解が深まっていった．これら一連の研究で明らかになったことの中で特に重要なのは，ハンス・エルステッドやアンドレ＝マリ・アンペールによって発見された電流と磁石の関係であっ

た．電流すなわち電気の流れの近くに方位磁針を置くと，磁針は本来向いて
いる向きからずれた方角を指し示すようになる．電流が十分に強ければ，磁
針は電流の向きに直交する方角を指し示すのである．これは，電流の近くで
は磁石を動かす何らかの力が働いていることを意味する．磁石に力を及ぼす
のは，やはり磁石であると考えられる．つまり，電流は目には見えない磁石
を生み出していると考えることが出来る．また，電流が磁石となることから，
電流同士に力が働くこともすぐに確かめられた．電流が磁石のもととなって
いることが明らかになると，次に逆の現象として，磁石も電流を生み出すか
という疑問が生じることとなった．

　実際に磁石が電流を生み出すことは，1831 年に英国のマイケル・ファラ
デーによって確認された．ファラデーは正規の科学教育を受けていない，印
刷業者の見習い技師であった．しかし，電気や磁気に関しての教科書を印刷
する際，その内容を読んで独学で勉強を積んでいった．仕事で稼いだお金で
簡素ながら実験機材を集め，自ら実験を重ねることで，多くの研究者がなし
えなかった重要な発見をしたのである．ファラデーは二つのコイルを重ねて
置き，一つ目のコイルに電流を流した．すると，空間を隔てて置かれた二つ
目のコイルの検流計が振れるのを確認した．この現象に対しファラデーは
(1) 一つ目のコイルの電流が磁石を作り，(2) その磁石のために二つ目のコ
イルに電流が作られた，という二段階の作用による電流の発生と解釈したの
である．つまり，電流が磁石を作り，磁石が電流を作っているのである．こ
のような現象を「電磁誘導の法則」と呼ぶ．さらに特筆すべきことは，ファ
ラデーは電流が磁石，磁石が電流を作るメカニズムまで検討を進めた．彼
は，電流や磁石が離れた場所の磁石または電流に直接力を及ぼすことは不自
然であると考えた．そして，力は離れた場所に直に届くのではなく，電流や
磁石からは何か目に見えない線のようなものが出ており，この目に見えない
線が離れた電流や磁石に届くことで作用が発生すると考えたのである．ファ
ラデーは電荷に働く力を媒介する線を「電気力線」，磁石に働く力を媒介す
る線を「磁力線」と名付け，電気力線・磁力線が存在する空間を「電磁場」
と呼んだ．

　電気と磁気に関する研究を最終的に完成させたのは，熱力学の発展にも貢献したイギリスのジェームズ・クラーク・マクスウェルであった．マクスウェルはファラデーの電磁誘導の法則などを検討し，電気と磁気の関わる現象のすべてが，たった4本の方程式で記述できることを示した．この4本の方程式はマクスウェル方程式と呼ばれ，力学におけるニュートンの運動方程式のように電磁気学分野におけるもっとも基礎的な方程式となっている．ちなみに，マクスウェルが発表した論文は難解で不必要な記述も多かった．その中から電磁気学の根幹をなす方程式を抽出し，今あるような4本のマクスウェル方程式に再編成をしたのがイギリスのオリバー・ヘビサイドとドイツのハインリッヒ・ヘルツである．とくに，ヘルツはマクスウェルの方程式を多くの人に理解しやすい形に直しただけでなく，マクスウェル方程式の重大な予言を証明したことで有名である．マクスウェル方程式は変形していくと波を表す方程式である波動方程式に書き換えることができる．このことは，電気や磁気による作用が電磁場中を波として伝わることを予言している．1888年，ヘルツはスイッチと電源のみからなる発振回路と，離れて設置されたアンテナ回路を用いた実験を行い，実際にファラデーの電磁誘導により誘導される電場と磁場が波として空間中を伝播していくことを証明したのである．このような電場や磁場の波は，併せて電磁波と呼ばれている．電磁波は現代ではテレビや通信など様々な分野で欠かすことのできない情報伝達手段として用いられている．

7.3　電気の利用

　電気についての理解が深まるとともに，産業界における電気の利用も進んでいく．電気の実用化ははじめ通信分野からスタートした．なぜならば，通信分野では必要となる電力量が小さく，しくみも単純なもので非常に有益な利用ができたからである．たとえば，スイッチと電源を組み合わせた回路を用意し，遠く離れた場所に置いた電磁石と電線で結んだような仕組みを考える．スイッチをオン・オフすることで，遠方の磁石がオン・オフされ，情報を遠方に瞬時に伝えることができる（図7.5）．このような単純なしくみは，

当初鉄道に沿って敷設され，鉄道運行に役立てられたが，1845 年頃にサミュエル・モールスにより，磁石のオン・オフの組み合わせをアルファベットに対応させたモールス信号が発明されると，遠方に簡単に文章を送受信できるようになった．このような通信網は世界中に張り巡らされるようになる．

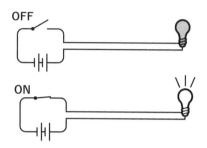

図 7.5 　通信機器の概念図：電源とスイッチをくみ合わせた回路と，そこから遠方に離れた場所におかれた電球．スイッチを「ON」にすると，遠く離れた場所に，「ON」という情報が瞬時に伝わる．（電気通信の黎明期には電球はまだ発明されていなかったので，電磁石を用いてON/OFF がわかるようにしていた．）

　1800 年代の半ばを過ぎると，電気式の照明が利用され始める．とくに，1870 年に蒸気機関を用いた発電機が作られると，電気式照明は工場などで利用されるようになる．しかし，この時代の電気照明はアーク灯と呼ばれる質の悪いものであった．アーク灯とは，連続的に電気火花を起こし，その火花で部屋や街路を照らすというものである．しかし，アーク灯は明るさのコントロールができないうえ，ちらつきが大きく，工場労働者たちからは不評であった．そのため，アーク灯はすぐに使われなくなっていく．替わって登場したのが，発明王として名高いトーマス・エジソンにより発明された電球である．フィラメントと呼ばれる細い線に電気を流すと，熱と光を出すことは既に知られていたが，エジソンは長期間にわたって安定した光を出す素材を何千ものサンプルの中から見つけ出し，白熱電球の実用化に漕ぎ着けたのである．エジソンの白熱電球は安くて明るく，寿命も長かったため，瞬く間に世界中に普及し，蛍光灯や LED 灯の利用が進む現在でも多くの国で利用され続けている．電球の普及は結果として，工場や会社，家庭への電力供給を促すこととなった．

　高まる電力需要を受け，1879 年にはロンドンに世界で初となる発電所が設置された．しかし，当時は送電技術が未熟であり，せっかく発電所で作られた電気も各家庭や工場などに送る間に減衰してしまい，結局は電球を 3000 個程度点灯させることしかできなかったという．発電所から使用場所まで電力を供給する際，時間変動しない直流電流として電流を送るのか，時間とともに振動する交流電流により電流を送るのかは，電気機器の黎明期の大きな問題であった．電球を発明したエジソンは直流を用いた送電方法を推し進めていたが，結局は送電中の電力ロスの小さな交流電流が送電に用いられるようになる．そして，三相交流が発明されて効率よく電力供給ができるようになると，水力や火力を用いた発電所が世界中に建設され，電気の利用は一気に進んでいくこととなる．三相交流とは，位相（電流が強くなったり弱くなったりするタイミング）の異なる三つの正弦波交流を重ね合わせて送電する方法である（図 7.6）．このような送電技術の向上により，世界中で電力網が急速に整備されることとなる．しかし，世界中で統一の規格が作られるより早く送電網が整備されてしまったため，世界各地で異なる発電・送電方式が根付いてしまうという弊害もあった．現在でも国，地域により，二相／三相交流，50 Hz ／ 60 Hz が混在してしまい，地域間で電化製品を共有できないなどの混乱も続いている．日本においても，東日本の商用電源が 50 Hz なのに対し，西日本では 60 Hz が用いられており，不便を強いられている．

　送電網の整備が進むと，通信や照明だけでなく，動力としての電気の利用も進むこととなる．19 世紀末になると，電気を仕事に変える装置，すなわちモーターが開発，改良され，小型でも十分な動力となる高性能モーターが登場する．モーターの性能がよくなってくると，モーターは工場などの生産現場での動力として急速に普及していくこととなる．工場における動力は産業革命以来，蒸気機関が主力であった．しかし，蒸気機関はボイラーのような巨大な設備が必要であり，ボイラーで湯を沸かすための燃料も備蓄しなくてはならない．おまけに，蒸気機関により作られた動力を多くの工作機械に分配するためには，工場内に多くのシャフトや歯車などを張り巡らせる必要があった．ところが，モーターが登場すると，これらの不便が一気に解消する

こととなる. はじめにコンセントさえ設置してしまえば, あとはプラグを差し込むだけで工場内のどこででも動力源を得ることができるのである. このようなモーターの利便性は大きく, 工場内の土地も有効活用できるようになるため, 電気とモーターはわずかな時間で工場から蒸気機関を駆逐することとなるのである. さらに, 1880 年頃になると, ドイツのヴェルナー・フォン・ジーメンスがモーターを動力とした鉄道, すなわち電車を開発し, 実用化した. 煙を出さずに走る電車はその後世界中に広まり, 蒸気機関車に代わって都市部での大量輸送手段としてなくてはならない存在となっていくのである.

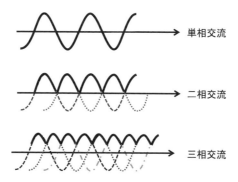

図 7.6　三相交流の説明. 通常発電機で作られる電気は, その電圧が変動する（単層）交流である. 単相交流の場合, 電流の向きが変化したり, ゼロとなる瞬間があったりするため, 不便である. そこで, 単相交流を二つ重ねて二相交流にすることで, 電流の向きを同一方向に保つことができる. さらに三相交流とすることで, 常に一定以上の電圧に保つことができ, 比較的安定した電流が得られるほか, 送電上のメリットも大きい.

第 8 章

19 世紀末の科学

19 世紀には上述の通り，電気の理解とその応用という大きな動きがあった．電磁気学の完成により，物理学は物体の運動を理解するための力学，熱と仕事についての理解をもたらした熱力学，そして，電気と磁気の理解に導いた電磁気学という，いわゆる古典物理学のフレームワークが整ったわけである．これにより（幾分かの簡略化は必要にせよ）19 世紀末には物理学を使えば，自然界のあらゆる現象を理解できるものと信じられていた．

物理学のみならず，19 世紀末という時期には，多くの自然科学分野において大きな成功が収められてきた．例えば，化学の分野では産業革命以降化学薬品の製造技術が飛躍的に向上したほか，周期表により多くの化学物質の存在と性質が予言され，実際に周期表に載る大半の物質が同定され単離されるようになっていた．生物学や医学の分野に目を向ければ，ダーウィンの進化論が登場し，メンデルによる遺伝の法則の発見や，ワクチンの開発による伝染病の克服など，非常に大きな発見がなされたのも 19 世紀頃のことであった．

8.1 物質科学の発展

マクスウェルとボルツマンが熱と運動の関係性を考える上での基礎としたのが，19 世紀前半にジョン・ドルトンによってとなえられた「原子説」である．ドルトンは，世の中のすべての物質は，細かく分割していくと最終的には原子という細かい粒に分割でき，数種類の原子の組み合わせにより，様々

な物質が作られていると考えた．そして，原子の種類は元素の数だけあると考えた．このような考えは古代ギリシャの自然哲学者，デモクリトスらによって紀元前にはすでに登場していたが，その後のアリストテレスによる四大元素の考えに押され，2000 年近く主流となることはなかった．その考えが，19 世紀に再び脚光を浴びるのは，ドルトンと同時代に行われた一連の研究の進展があったからである．ドルトンの原子説を決定的なパラダイムに押し上げたのは，1808 年のジョセフ・ゲイ＝リュサックによる一連の実験との整合性のためであった．ゲイ＝リュサックは，気体の化学反応の前後での質量と体積を精密に測定した．その結果，気体が化学反応を起こすとき，等温等圧ならば気体の体積の間には簡単な整数比が成り立つことを発見した．例えば，水素 3 と窒素 1 を合わせると，アンモニアが 2 できる，というように，全ての化学反応では，その前後の体積が単純な整数比となっているのである．このことは，数種類の原子が化合物のもととなっていることを示している．

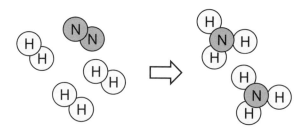

図 8.1　アンモニアの合成．アンモニアは水素（H）と窒素（N）が結びついてできた化合物である．水素と窒素はそれぞれ，2 つずつの原子が結びついた分子であるが，水素分子 3 に対し，窒素分子 1 が結びついてアンモニア 2 ができる．このように，化学変化が起こる際には，材料物質と化合物が整数比で表される．

　ドルトンの原子説が広く受け入れられるようになると，物質科学の興味関心は，原子が何種類あるかに移っていった．とくにドルトンの原子説が発表される少し前に，ジョゼフ・プリーストリーとアントワーヌ・ラボアジエによってなされた酸素の発見などが，多くの研究者を新元素の発見競争に取り組ませることとなる．プリーストリーは空気のなかに含まれる一部の成分が，炎を強める働きを持つことを発見した．この話を聞いた精密測定の名手

ラボアジエは，この炎を強める成分の正体を明らかにすべく，鉄を燃焼させた際に，その質量がどのように変化するかを詳しく調べていった．その結果，鉄自身は燃焼させると質量が増すが，周囲の空気は実は質量が減ることを突き止めたのである．18世紀頃まで，燃焼という現象は物体中に含まれていた燃素や熱素が外に出る現象と考えられていた．そこで，もしも燃焼が燃素の発生であれば，燃焼後に物質の質量は減るはずであるがラボアジエの実験はその逆の結果を示していた．そして，鉄の質量の増加分は，周囲の空気の質量の減少分とピタリと一致していた．このことから，ラボアジエは燃焼とは物質が空気の一部と結びつくことであることを見抜いたのである．この，燃焼の際に物質に取り込まれる空気の一部こそが「酸素」だったのである．酸素は我々生命が呼吸し，生きていく上で必要不可欠な物質であるが，その発見からはせいぜい200年強しか経っていないのである．このように燃焼のメカニズムが明らかになると，従来の燃素や熱素の存在は徐々に否定されていくこととなった．

図 8.2　ラボアジエの実験概念図．物質に酸素が結びつく現象を一般的に酸化と呼び，激しく酸化し熱や光を出す現象が燃焼である．

　ドルトンのアイデアとラボアジエの発見に触発され，19世紀半ばから，新元素の探索が本格化し，最盛期には年に何種類もの新元素が報告される新元素ラッシュの時代に入っていく．この新元素発見で役立ったのは，19世紀に入ってから実現された，新たな実験手法である．その一例が電気分解である．何らかの溶液に電極を挿入し，電流を流すと，電極付近で溶液に溶けていた物質が分解されて出現する．例えば，食塩水に電極を挿入して電流を流すと，その陽極からは塩素ガスが気泡として発生し，陰極からは水素の気泡が発生する．このような元素の分離法を電気分解といい，電池のように安定

的に電流を発生させる装置が普及した 19 世紀になって初めて可能となった
実験法である．電気分解法により，ナトリウム，カリウム，カルシウムやバ
リウムなどが新たに発見されていった．

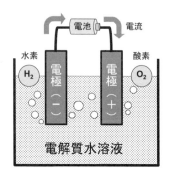

図 8.3　水の電気分解の概念図．水溶液に電流を流すと，溶け込んでいた物質が電極に析出
する．

　分光実験も 19 世紀に本格化した実験法である．光をプリズムや回折格子
（細かい切れ込みの入ったガラス板）に通すと虹のように色の成分を分離す
ることができる．このとき分離された光の並びをスペクトルという．このス
ペクトルは，光を発する元素の種類により異なる．例えば銅を加熱すると強
い緑色の光を発するし，カルシウムを加熱するとオレンジ色の光を発する．
このように物質を加熱したときにスペクトル中に現れる特定の強い色の光を
輝線という．逆に全ての色を含む白色光を何らかのガス中を通過させると，
スペクトル中に黒い筋が現れる．これを暗線という．この輝線や暗線の位置
は元素に特有であり，光のスペクトル中にどのような輝線・暗線が含まれる
かにより，光源や光路中に存在する元素を特定することができる．もしスペ
クトル中に未知の輝線・暗線が確認できれば，それは新しい元素が存在する
ことを示している．この分光実験により発見された元素でもっとも代表的な
のがヘリウムである．ヘリウムは太陽光線を分光したときのスペクトルに強
い暗線を作る未知の物質として初めて同定され，後に地球上でもその存在が
確認された元素である．

　さらに 19 世紀に実用化された実験手法に液化実験が挙げられる．一般に

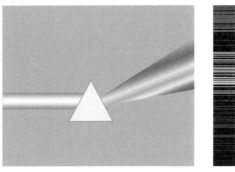

図 **8.4**　スペクトルの例（出典不明）．白色光をプリズムなどで分解すると，虹のように色ごとに分解される．これをスペクトルという．詳しく調べると，光を発した物質により，スペクトル中に現れる縞模様が異なる．

　気体は温度を下げていくと，ある温度（沸点）で液体に変化（液化）する．この温度は元素によって異なっており，液化する温度を調べれば，元素の種類を特定できる．予期せぬ温度で液化が起これば，それは気体中に未知の元素が含まれていることを意味する．このような実験を行うには，気体をかなりの低温まで冷却することが必要となる．たとえば窒素の沸点はマイナス196℃程度，ヘリウムの場合にはマイナス269℃にもなる．このような極低温環境を達成するには，高性能の冷凍機が必要である．19世紀に冷却実験が行えるようになると，液化温度から新たな元素が発見されていく．例えば，ネオン，クリプトン，キセノンなどが19世紀後半に液化実験により新たに発見された．

　ドルトンが原子説を提案した当時，ドルトン自身は元素の種類を20種類前後と考えていたようである．しかし彼の元素リストは現在の目でみると甚だ不完全であり，酸素などの重要な元素が抜けていたり（酸素は質量比で地球で2番目に多い元素である），燃素のような実在しない元素が混ざっていたりする．19世紀に入り新たな実験方法が相次いで発明されたこともあり，我々の知る元素の数は急増し，19世紀末には100種類に迫るまでになった．これだけ多くの元素の存在が明らかとなると，これらの分類や物性の系統的な分析には大きな労力が必要となる．そんな中，ロシアのドミトリ・メンデ

レーエフとドイツのユリウス・ロタル・マイヤーにより独立に発明されたの
が周期表である．彼らは，元素を軽い順（または原子番号順）に，ある規則
に従って表に並べると，表の上下に似通った性質の元素が並ぶことに気が付
いたのである（図8.5）．この周期表を使えば，新たに発見された元素の物性
は，その上下の物質の物性からある程度予想ができる．また，周期表に穴が
あれば，そこには未知の何らかの元素が入るはずなので，その上下の元素の
物性を頼りに未知の元素探しを行うこともできる．このように周期表に基づ
いて多くの元素を系統的に調べることが可能となったのである．21世紀の
現在では，周期表に名を連ねる元素の数は110を超え，すでに自然界に存在
せずに人工的に生成される場合でのみ存在できるような元素も周期表に並ん
でいる．113番に位置する日本で発見された元素ニホニウムもこのような人
工元素のひとつである．今後も周期表の末尾，大きな質量を持つ人工元素の
生成は続き，新しい元素が周期表に加えられていくだろう．

周期表

H 1																	He 2
Li 3	Be 4											B 5	C 6	N 7	O 8	F 9	Ne 10
Na 11	Mg 12											Al 13	Si 14	P 15	Se 16	Cl 17	Ar 18
K 19	Ca 20	Sc 21	Ti 22	V 23	Cr 24	Mn 25	Fe 26	Co 27	Ni 28	Cu 29	Zn 30	Ga 31	Ge 32	As 33	Se 34	Br 35	Kr 36
Rb 37	Sr 38	Y 39	Zr 40	Nb 41	Mo 42	Tc 43	Ru 44	Rh 45	Pd 46	Ag 47	Cd 48	In 49	Sn 50	Sb 51	Te 52	I 53	Xe 54
Cs 55	Ba 56	*	Hf 72	Ta 73	W 74	Re 75	Os 76	Ir 77	Pt 78	Au 79	Hg 80	Tl 81	Pb 82	Bi 83	Po 84	At 85	Rn 86
Fr 87	Ra 88	#	Rf 104	Db 105	Sg 106	Bh 107	Hs 108	Mt 109	Ds 110	Rg 111	Cn 112	Nh 113	Fl 114	Mc 115	Lv 116	Ts 117	Og 118

*	La 57	Ce 58	Pr 59	Nd 60	Pm 61	Sm 62	Eu 63	Gd 64	Tb 65	Dy 66	Ho 67	Er 68	Tm 69	Yb 70	Lu 71
#	Ac 89	Th 90	Pa 91	U 92	Np 93	Pu 94	Am 95	Cm 96	Bk 97	Cf 98	Es 99	Fm 100	Md 101	No 102	Lr 103

図8.5　周期表．原子を重さの順（正確には原子番号順）に並べていくと，似た特徴を持った
原子が上下に並ぶ．たとえば，左から11列目には銅，銀，金という原子が並んでいる．これら
はともに光沢があり，柔らかく，電気を通しやすいという共通の特徴を持つ．

8.2　生命科学の発展

　19 世紀は生命科学にとっても非常に重要な世紀であった．そもそも，18世紀以前には生命についての研究は，自然科学の中ではかなりの異端分野だったのである．古来，洋の東西を問わず，生命は神が作ったという宗教的な考えが一般的に浸透していた．ユダヤ教に端を発するキリスト教やイスラム教においては，生命は神が作り出したものであり，人間は神の似姿であった．日本において，人間は神々の末裔であり，その他の生命も神によって作られたものであり，八百万の神の宿る神秘的なものであった．その他，多くの多神教においても，人間や生命は何らかの形で神などの超自然的な力で作られたと考える文化は多い．これらの文化のもとでは，生命の姿がいまあるような姿であるのは神の思し召しであるわけであるから，それ以上その理由を科学的に調べようという考えは起こらない，またはタブー視すらされることなのである．しかし，科学革命から年月の経った 19 世紀に入ると，生命に関しても科学と宗教を分離し，近代科学の目で生命について考えるべきと考える人たちが増えてくるのである．その先駆けが有名なチャールズ・ダーウィンである．

　ダーウィンは 1831 年より海洋調査船ビーグル号に博物学者として乗船し，太平洋の孤島ガラパゴス諸島で調査を行った．ダーウィンはガラパゴス諸島に生息する生物の調査を行っていたが，その調査中にあることに気が付いた．同じ種の生物でありながら，ガラパゴス諸島の生物は，生息する島により，微妙に形態が異なるのである．例えば固有種のガラパゴスゾウガメも島により甲羅の形に微妙な差異があることがわかった（図 8.6 参照）．ダーウィンはこの違いが，島ごとの環境の違いに起因すると推測したのである．ガラパゴス諸島は乾燥した島や，草木に覆われた島など，島ごとに環境に違いがある．したがって，島ごとに，その島に「適した」外見的特徴というものが存在する．例えば，下草の豊富な島に棲むカメは，地面の草を主な餌とする．この場合，首を上方に伸ばす必要はない．そこで甲羅は首の上部をしっかりとカバーする形である方が生存する上で有利となる．一方，乾燥して下草が少ない島では，カメは木の葉などを食べなくてはならない．そのためには，首を

上方高くまで伸ばす必要がある．そこで，そのような環境の島のカメは，甲羅の首の上の部分が窪んでおり，首を伸ばしやすいような形状となっている．ダーウィンは，このような外見的特徴は，その土地その土地の環境に適した特徴を持った個体が多く生き延びてきた結果，長い年月をかけてその環境に適した特徴が支配的になったからであると考えた．このように，自然環境に合わせて，環境に適した特徴を持つ種や個体が生き延びる反面，適した特徴

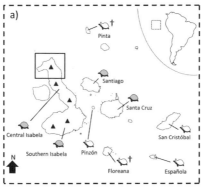

図 8.6　ガラパゴスゾウガメの甲羅の違い．湿潤で下草の多い島に生息するカメは，地面に餌となる草が豊富にあるので，首を上に伸ばす必要がない．そこで，弱点である首の上部は甲羅で守られている．一方，乾燥して下草の少ない島に住むカメは，木の葉などを食べるのに首を上に伸ばす必要があるため，首の上の部分の甲羅がへこんでいる．このように，同じ種類の生物であっても，環境にあった特徴を持つ個体が生き延びやすく，結果としてそのような特徴を持ったものばかりになっていくのである．※カメの写真と地図：CC BY-SA 4.0 nature scientific reports より転載 "Identification of Genetically Important Individuals of the Rediscovered Floreana Galápagos Giant Tortoise (Chelonoidis elephantopus) Provides Founders for Species Restoration Program", J. M. Miller et al. Scientific Reports volume 7, Article number: 11471 (2017)

を持たない種や個体がだんだんと減っていき，やがては淘汰されることを，「自然淘汰」と呼ぶ．つまり，生命がいまあるような姿をしているのは，長い年月をかけて自然淘汰されてきた結果であるとダーウィンは考えたのである．自然淘汰の考えを記した著書「種の起源」は発刊されるとベストセラーとなり，反発は少なくなかったものの，彼の考えは徐々に広まっていった．

　さて，生命が環境に適した特徴を受け継いでいくためには，その特徴を子々孫々に伝えていくメカニズムが必要となる．ある個体がその親の特徴を受け継ぐことを「遺伝」という．この遺伝に一定の規則性があることが，19世紀にポーランドの神学者にしてアマチュア科学者であったヨハン・メンデルによって見出されている．メンデルは何世代にもわたってエンドウマメを栽培する中で，その特徴の伝わり方に決まりがあることに気づいたのである．例えば，エンドウマメには同じ種であっても，赤い花をつけるものと，白い花をつけるものがある．赤い色の個体と白い花の個体を交配させると，その子の個体の花は赤または白となる．赤と白が混ざって桃色の花をつけるということは起こらない．このことは，両親から受け継ぐ特徴は混ざり合うことはなく，どちらか一方の特徴を受け継ぐのである．これを分離の法則と呼ぶ．また，エンドウマメには背の高い個体も背の低い個体も存在する．背が高い方が，多く日光に当たることができるので，生存上は有利と考えられる．そして，背の高い個体と背の低い個体を交配させると，その子となる個体の大半は背の高い個体となる．しかし，その子孫を何世代か続けて交配していくと，ときおり背の低い個体も現れる．つまり，背が高いという特徴は引き継がれやすいことは間違いないが，一方で背が低いという特徴も決してなくなるわけではなく，少ないながらも一定の割合で子孫に受け継がれていくのである．このことを優性の法則といい，受け継がれやすい性質が子孫の個体に現れることを優性遺伝という．例外もあることが知られているものの，これらの法則をまとめて，メンデルの「遺伝の法則」と呼ぶ．科学史の研究が進んだ結果，現在ではメンデルが本当に実験的にこれらの法則を確かめたかどうかは怪しいらしいと言われているが，少なくとも遺伝に何らかの法則性があることを提唱したという意味においてはメンデルの慧眼は特筆に値する．

　なぜ親から子へとある性質が受け継がれる際に，遺伝の法則が成り立つの
か．現在では，これらの特性が遺伝子と呼ばれる特徴を記録した媒体が両親
から一つずつ，ペアとなって受け継がれることによって成り立っているから
であると理解されている．例えば図 8.7 のように花の色を例にとって考えよ
う．赤い花と白い花があるとき，その花の色を受け継ぐ際には，両親から色
を記録した遺伝子が一つずつ子に受け渡される．このとき，色を決める遺伝
子ペアの組み合わせとしては「赤赤」「白白」「赤白」の 3 通りが考えられる．
遺伝子ペアが「赤赤」ならば花の色は赤に，「白白」であれば当然白となる．
しかし，「赤白」である場合には，赤と白，どちらか現れやすい一方のみが
発現する（分離の法則）．この現れやすい方の色が「優性遺伝」であるわけ
である．仮に今は赤が優性遺伝としよう．いま，「赤赤」の遺伝子ペアを持
つ個体と「白白」の遺伝子ペアを持つ個体を交配させるとしよう．すると，
その子の世代（第二世代）はすべての個体が「赤白」の遺伝子ペアを持つこ
ととなり，すべて赤い花をつける．しかし，その第二世代同士を交配してで
きる第三世代の個体は，再び「赤赤」「白白」「赤白」すべての組み合わせを
持つことが可能となる．外見上の特徴としては，優性である赤い花が多く現
れるものの，白い花も少数ながら発現するのである（優性の法則）．

　後にわかることであるが，地球上の生物の場合，多くの高等生物はこの遺
伝子ペアを細胞内の細胞核という器官に収納している．遺伝子は糖，塩基，
リン酸の組み合わせでできた DNA（デオキシリボ核酸）として保存されて
いる（図 8.8）．DNA は生命の様々な特徴をすべて記録した，いわば生命の
設計図というべきものである．生命は成長する際に細胞の複製を作ることで
自身の身体を伸長させていく．この際に新しい細胞は DNA の設計図に則っ
て作成されるのである．そこで，生命体は DNA を受け継いでいくための器
に過ぎないと考えることすらもあるのである．

8.3　残された課題

　ここまで見てきたように，19 世紀末には科学，とくに物理学は大きな成
功を収めてきた．英国王立協会会長であり，物理学の世界的権威であった

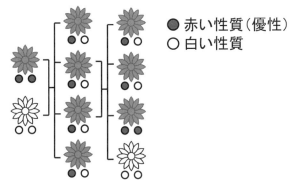

図 **8.7** 花の色と遺伝の概念図. 遺伝情報は遺伝子のペアにより子孫に伝えられる. いま, 花の色を決める遺伝子が二つとも赤である遺伝子ペアを持った個体と, 白遺伝子を二つ持った個体を掛け合わせる. その一世代目の子孫たちは, 両親から一つずつ遺伝子を受け継ぐため, すべて赤白ひとつずつの遺伝子を持った個体となる. 赤遺伝子を優性とすれば, すべての個体が赤である. しかし, さらにその一世代先の子孫は, 赤白を持った両親から一個ずつの遺伝情報をもらうため, 赤赤, 赤白, 白白, いずれの組み合わせも可能となる. 白二つの遺伝子を受け継いだ個体は白い花となるので, 優性でない白い花も, 数はすくないものの, 決してなくなることはない.

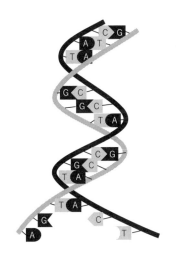

図 **8.8** DNA. デオキシリボ核酸と呼ばれる高分子化合物の形をとって, 遺伝情報が細胞核に収容されている. DNA は二重らせん構造をとっており, 細胞が分裂する際には二重らせんがほどけて, 2つのらせんに分裂することで遺伝情報がコピーされる. アデニン (A), チミン (T), シトシン (C), グアニン (G) の配列として遺伝情報を保存している.

図 **8.9**　ケルヴィン卿の写真（Wikipedia）．本名はウィリアム・トムソン．英国王立協会会長も務めた19世紀の物理学の権威であり，電磁気学や熱力学の分野で大きな功績がある．絶対温度を表す単位 K（ケルヴィン）は，ケルヴィン卿にちなんで作られたものである．

ケルヴィン卿ウィリアム・トムソン（図8.9）は，19世紀最後のクリスマス（1900年12月）の一般向け講演会において，「物理学はほぼ完成しており，今後はいかなる問題も物理学により解決することができるだろう」とまで述べている．このように，物理学はすべての自然現象を解決に導くツールとして広く認識されていた．しかし，ケルヴィン卿のスピーチでは，20世紀に残された課題として，「エーテル問題」と「光のスペクトル問題」を挙げていたことは注目に値する．ケルヴィン卿は，これらの問題も20世紀中には（古典的）物理学のフレームワークにより解決が可能であると述べたそうであるが，実はこれらの問題が，古典物理学の常識を打ち壊す時限爆弾だったことが20世紀初頭に明らかになるのである．

　それでは，光のスペクトル問題とはどのようなものなのだろうか．光をプリズムに通すと，いくつかの色に分解される．この分解された光を，光のスペクトルということは既に述べた．光のスペクトルは，その光源によって決まっている．例えば，白熱電球のスペクトルを調べると，虹のように七色（正確に七色あるわけではなく，紫から青，緑，黄，橙，赤と連続的に変化する）にわかれ，赤い側がより明るくなっていることがわかる．光の色の違

いは，光の波の波長の違いに相当する．青い光は波長が短く，赤い光は波長
が長いのである．人間の目に見える光（可視光，おおむね波長が 400 nm か
ら 700 nm）よりも青い側の光を紫外線と呼び，可視光よりも赤い側の光を
赤外線と呼ぶ．光が虹のように連続的に変化するということは，白熱電球か
らの光はさまざまな波長の光を連続的に含んでいることを意味している．こ
のような光を連続スペクトルと呼ぶ．一方，蛍光灯の光のスペクトルを調べ
てみると，ずいぶんと様相が異なる．蛍光灯からの光のスペクトルは，何本
かの明るい線が見えるだけで，虹のように連続的な色の変化は見られない．
これは，蛍光灯の管の中に封入された原子が，ある特定の波長の光を出すた
めで，このような原子ごとに発せられる特有な波長の光を輝線と呼ぶ．

　ところで，白熱電球からの光のスペクトルを詳しく調べてみると，スペク
トルは発光するフィラメントの温度と関係があることがわかる．スペクトル
に分解した光のうち，最も強い波長を調べてみると，このピーク波長が温度
が高くなるにつれて短い側にずれていくのである（図 8.10）．つまり，フィ
ラメントの温度が高くなるほど，より青い光を多く含むようになるのであ
る．スペクトルとピーク波の関係性は，1896 年頃，ヴィルヘルム・ウィー
ンが経験的な関係式を導いていたが，温度が高い場合にはウィーンの経験則
はうまくいかないことがわかっていた．このスペクトルと温度の間の関係こ
そが 19 世紀物理学の解決できなかった光のスペクトル問題と呼ばれるもの
である．

　後世になって答を知ったうえで歴史を紐解いてみると，光のスペクトル問
題は，実は 19 世紀中に解決の一歩手前というところまで来ていたことがわ
かっている．解決の糸口を与えていたのは，ドイツの科学者マックス・プラ
ンクである．19 世紀後半のドイツでは，急速な工業化とともに，製鉄業が
非常に盛んになっていた．品質の高い鉄を大量生産するためには，溶鉱炉の
温度を適切に管理することが重要である．しかし，当時の技術では炉内温度
を調べるのは容易ではなかった．そこで，プランクは，溶鉱炉内で赤熱する
鉄が出す光に着目した．溶鉱炉内で鉄は 2000 ℃近くまで加熱されるが，こ
れだけの高温になった鉄は，自分自身で光を発するようになる．白熱電球の

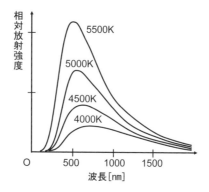

図 8.10　連続光スペクトル．黒体放射として放射される光のエネルギーのピーク波長は温度によって変化し，温度が高いほどピーク波長は短くなっていく．たとえば，太陽の表面は温度が 5,800 ℃ 程度であり，対応する波長は 500 ナノメートル程度の可視光線となる．

フィラメントと同様，このとき鉄から発せられる光のスペクトルは，その温度と関係する．しかし，赤熱する鉄から出る光のスペクトルと温度の関係は，ウィーンの経験則にうまくあてはめることができなかった．そこで，プランクは，低温度のときにウィーンの経験則にうまく一致するような別の関係式を導き出したのである．しかし，プランクの導入した関係式は，19 世紀の常識ではとても信じられないような前提を用いていた．赤熱した鉄からの光のスペクトルは連続的ではなく，ある決まった値の波長のみが許される飛び飛びのものであるとしていたのだ．プランクの定式化は，確かに光のスペクトルと温度の関係をうまく表していた．しかし，どうして光の波長が連続的ではなくとびとびであるとするとうまくいくのか．これは 19 世紀の物理学では理解不可能な謎であった．この問題を端緒に，20 世紀に入って後，現代物理学の要である量子力学が誕生することとなる．

　もう一つの謎，エーテル問題については簡単に述べるにとどめるが，これは光の進み方に関する問題であった．詳しくは後述するが，マクスウェルが述べたように 19 世紀の段階では光は波の一種（電磁波）だと考えられていた．波であるからには，波を伝える媒質が必要である．海の波であれば海の水が媒質であるし，音の波であれば空気が媒質である．それでは光の媒質は何であろうか．光は宇宙空間をも超えてくるので，空気や水でないのは明ら

かである．そこで，宇宙にはまだ解明できてはいないが，光を伝える媒質があるはずであると考えられていた．これを「エーテル」と呼ぶ．もとは古代ギリシャの時代の宇宙観において，地上の物質を形作る四大元素に対して，天体を形作る元素がエーテルと呼ばれていた．19 世紀になり，光の媒質としてこのエーテルが復活してきたのである．

　もし宇宙がエーテルで満ち溢れているのであれば，地球はそのエーテルの中を動いているだろう．であれば，地球を固定して考えれば地球はエーテルの流れに囲まれていると考えられる（図 8.11）．エーテルは光の媒質なので，光の進む速さはエーテルの流れに沿って進む場合と，エーテルの流れに直交する場合で異なると予想される．そこで，アルバート・マイケルソンとエドワード・モーリーは精密な実験により，方向ごとに光の進む速さの違いを測定しようと試みた．しかし，十分な精度があったにも関わらず，光の進む速さに方向による差は検出されなかった．このことは，エーテルの存在に重大な疑問を頂かせる結果であった．それでは光は何を媒質としているのだろうか．これがエーテル問題である．この問題の解決は，やはり 20 世紀に入り，天才アインシュタインの登場を待たなくてはならない．

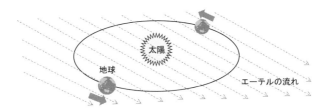

図 8.11　エーテルの流れ．太陽系は宇宙空間を運動しているので，宇宙空間を満たすエーテルに対し，相対的に動いているはずである．光がエーテルを媒質にして伝わるならば，光がエーテルの流れに沿う場合と，エーテルの流れに直交する場合では光の速さが変化するはずである．しかし，マイケルソンとモーリーは精密な実験により，光の速さは進む向きのよらず変化しないことを示した．この結果が，後にアインシュタインによる特殊相対性理論の発見のきっかけとなる．

第 9 章

20 世紀の幕開け

　物理学の完成という幻想は，20 世紀に入るとすぐに打ち壊されることとなる．この常識の破壊と新しいパラダイムの構築はたった一人の天才によってなされることとなる．その天才こそがアルバート・アインシュタインである（図 9.1）．1905 年，学位を取ったものの大学での職を得ることのできなかった当時 26 歳のアインシュタインは，スイスの特許局につとめる公務員となっていた．そんな無名の若者アインシュタインが，1905 年の 1 年間に，突如として歴史的な論文を立て続けに世に送り出すこととなるのである．その中でも特に重要なのが，「特殊相対性理論」，「ブラウン運動」，そして「光量子仮説」というテーマに関するものであった．1905 年の論文は，それぞれ 1 本だけでもノーベル賞級の重要な発見であった．実際，アインシュタインは後年に上記にある「光量子仮説」に関する研究でノーベル物理学賞を受賞する．アインシュタインがこのような衝撃的なデビューを遂げた 1905 年のことを，我々は現在，物理学上の「奇跡の年」と呼んでいる．そして，アインシュタインの研究により，19 世紀までの常識が打ち壊され，自然科学の世界に大きな議論が巻き起こることとなる．

9.1　特殊相対性理論

　アインシュタインの登場した 20 世紀初頭，物理学の世界ではエーテル問題が大きな関心を集めていた．当時，マクスウェルとヘルツにより，電場と磁場の変動が空間中を波として伝播することが知られていた．この波を電磁

図 9.1 アインシュタイン（Wikipedia）. 42 歳のときの写真.

波と呼ぶことは先述の通りであり，光もこの電磁波の一種である．電磁波の存在はヘルツの実験以降，様々な実験により明らかとなっており，電磁波が波である以上は波を伝える媒質があるはずと考えられていた．この光の波を伝える，未発見の媒質のことをエーテルと呼ぶ．このエーテルが一体どのようなものなのか，その性質を調べるため，多くの科学者が様々な実験を行っていたが，エーテルの発見は容易ではなかった．そんな中，19 世紀後半から 20 世紀初頭にかけて，当時の科学者達をさらに悩ませる実験結果が公表された．実験はアメリカのアルバート・マイケルソンとエドワード・モーリーによってなされた．彼らは干渉計という精密な実験装置を使った実験により，電磁波はあらゆる方向に同じ速度で伝わることを明らかにしたのである．我々の住む地球は太陽の周りを回っている．もしも電磁波の媒質であるエーテルが宇宙を満たしているならば，宇宙空間中を地球が相対運動している分，エーテルは地球に対して運動するはずである（前章の図 8.11）．この結果，地球の運動方向に進む電磁波の速度は，運動方向に直交する場合と比べて変化するはずである．しかし，電磁波が全ての方向に同じ速度で進むということは，地球がエーテルに対し静止していることを意味する．これは，地球は宇宙の中心ではないとする地動説にすら反する結論である．このような実験結果から，エーテルの正体はますます謎が深まる結果となったのである．20 世紀の初頭にこの謎に挑んだのがアインシュタインであった．

アインシュタインは光や電磁波の媒質問題に取り組むにあたり，極めて常識的な二つの仮定をおくところから思考を始めている．一つ目の仮定は，「光の速さは誰が測定しても同じである」というもので，これを「光速度不変の原理」と呼ぶ．マイケルソンとモーリーの実験により，光の速さは方向によらず一定であるとの結果が得られていたが，アインシュタインはむしろこの結果を自然の摂理として認めるところからスタートしたのである．二つ目の仮定は，「物理法則は誰が考えても同じである」というもので，これを「相対性原理」と呼ぶ．これは例えば，A さんが「バネの伸びは加える力に比例する」という法則を発見したとすれば，A さんとまったく別の場所にいる B さんもまた「バネの伸びは加える力に比例する」ことを観測できるということである．これも常識的に受け入れられる仮定であろう．しかし，この二つの自然な仮定からスタートしたアインシュタインの思考実験は思わぬ結論をもたらすこととなる．

ここでは，アインシュタインの思考実験を簡略化した形で，しかし，そのエッセンスは失わないようにしつつ，追体験してみよう．まず，図 9.2 に示すような状況を考える．電車の中にいる A さんは懐中電灯とストップウォッチを持っており，これらを使って，光の進む速さを測ろうとしている．電車の天井には鏡が貼られており，光を反射するようになっている．そこで，A さんは，懐中電灯でこの鏡を照らし，光が跳ね返ってくるまでの時間をストップウォッチで測ることで，光の進む速さを測ることにした．いま，A さんが懐中電灯のスイッチを入れてから，反射した光が A さんのところに戻ってくるまでの時間を $(時間)_A$ としよう．一方，A さんから天井までの往復の距離を $(距離)_A$ とする．この時，光は時間 $(時間)_A$ だけかけて，往復の距離 $(距離)_A$ だけ進んだので，その速さは

$$(速さ)_A = (距離)_A \div (時間)_A \tag{1}$$

となっているはずである．

一方，この様子を，電車の外から B さんが眺めていたとしよう（図 9.3 参照）．B さんもストップウォッチを持っており，A さんと同様の測定を行うとする．つまり，B さんは，A さんが懐中電灯をつけた瞬間から，光が A さ

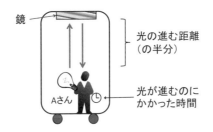

図 9.2 電車の中で光速を図る A さんの図. A さんは光が鏡と自身との間を往復する時間と, 鏡までの距離とを測ることで, 光の速さを測定できる.

んの元へと戻ってくるまでの時間を測定する. この B さんの測った時間を (時間)$_\text{B}$ としよう. 一方, この間に, 光の進む距離は, A さんの場合と異なる. 光は A さんの手元を離れた瞬間から上に向かって進むが, この間に電車は少し移動してしまう. よって, 光が鏡に当たるには, 光は真上ではなく, やや斜めの方向に進まなくてはならない. 光に反射した光が A さんのところの戻るときも, 電車が進んでいるため, 光は斜めの経路を通って進むはずである. したがって, B さんから見ると光の通過した道筋は図 9.3 のようになっているはずである. この B さんから見た光の経路の長さを (距離)$_\text{B}$ としよう. すると, B さんの測った光の速さは,

$$(速さ)_\text{B} = (距離)_\text{B} \div (時間)_\text{B} \tag{2}$$

となっているはずである.

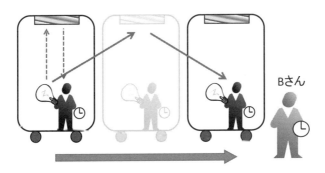

図 9.3 A さんの実験を電車の外から眺める B さんの図. B さんは, A さんが発した光が鏡で反射され再び A さんに戻る時間と, 光が進んだ距離（二等辺三角形の二辺：図 9.4 参照）を測ることで, 光の速さを測定できる.

図 9.4　A さんの見た光の行路と，B さんの見た光の行路．A さんの測った光の行路は二等辺三角形の高さの二倍に相当する．一方，B さんの測った光の行路は二等辺三角形の二つの斜辺に相当する．明らかに B さんの測った行路の方が長い．

　ここで，アインシュタインがはじめに採用した仮定を思い出そう．アインシュタインは，物理法則は誰が見ても同じ形であるという「相対性原理」と，光の速さは誰が測定しても同じであるという「光速度不変の原理」を仮定していた．いま，相対性原理より，A さんは (距離) ÷ (時間) という式により速さを計算し，B さんも全く同じ式で速さを計算する．これは上の式 (1) と (2) ですでに使われている．一方，光速度不変の原理より，光の速さは A さんが測っても B さんが測っても同じである．つまり，(速さ)$_A$ = (速さ)$_B$ である．式 (1) と (2) にこれを適用すれば，すぐに

$$(距離)_A ÷ (時間)_A = (距離)_B ÷ (時間)_B \qquad (3)$$

となることがわかる．しかし，ここで，図 9.4 より，明らかに (距離)$_B$ は (距離)$_A$ より長い．よって，この方程式 (3) が成立するためには，(時間)$_B$ は (時間)$_A$ よりも長くなくてはならないことになる．

　これは実に不思議な結果であることに気が付いてもらいたい．A さんと B さんは，「光が鏡に反射して戻ってくる」という全く同じ現象を観測していたのである．それにも関わらず，A さんの持っているストップウォッチと，B さんの持っているストップウォッチは異なる時間を示しているのだ．このことは A さんと B さんでは，時間の進み方が違っていることを意味している．A さんのストップウォッチの進みは，B さんのストップウォッチの進みより小さいということは，A さんにとっての時間は，B さんにとっての時間に対して遅れていることを意味する．例えば，B さんの時計は 3 秒進んでいるのに，A さんの時計は 2 秒しか進んでいないというようなものである．この時間の進みの違いの原因は何か．それは，A さんと B さんの置かれた状況の違いにある．A さんは電車とともに動いているが，B さんは地面の上で静

止していた．つまり，「物体の運動状態により時間の進み方は変化する．」ことを，この思考実験は示している．

このように物体の運動状態により，時間の流れは変わってしまうのである．このことを時間の相対性と呼び，この事実に基づいて構築された物理理論を，アインシュタインの「特殊相対性理論」という．アリストテレスの世界観においても，ニュートンの力学においても，時間というのは常に一定のペースで流れる絶対不変のものという暗黙の了解のもとに成り立っていた．しかし，アインシュタインは，この数千年にも及ぶ科学の常識を真っ向から否定したのである．それまでニュートン力学により完成されたと考えられていた物理学は，その基盤が揺らぐこととなったのである．

9.2　ブラウン運動

アインシュタインが1905年に発表した3本の論文の2本目は「ブラウン運動」に関するものであった．ブラウン運動は，1827年に英国のロバート・ブラウンが顕微鏡での観察により発見した不思議な現象である．ブラウンは顕微鏡を用いて花粉を研究していたが，ある日，花粉を水に浸した状態で顕微鏡で観察してみた．すると，花粉は水の中で破裂し，中から粒子状の細かい内容物が水の中に漏れ出してきた．そして，この花粉から出てきた微粒子は，水の中であたかも意思を持った生物のように細かな運動を繰り返していたのである．花粉の中に何らかの生物が住んでいたとは考え難く，この花粉微粒子のランダムに見える運動の原因は謎として残されていた．アインシュタインはこの80年も前の報告に目を留め，これこそがマクスウェルとボルツマンにより導入された，熱の分子運動説の直接的な証拠であることを明らかにしたのである．

水は多くの分子からなるが，この分子は水の温度に対応した大きさでランダムに連動をしている．水分子自体は非常に小さいので，1個や2個の水分子が花粉微粒子に当たったところで，微粒子はびくともしない．しかし，確率的にある方向から多くの水分子が同時に衝突することがあり得る（図9.5）．このときには水分子の集合は花粉微粒子を動かすのに十分な運動量を

持つ．このような水分子の熱運動こそがブラウン運動の正体であることを見破ったのが，アインシュタインである．当時は水分子の熱運動をとらえることは不可能であったが，アインシュタインはこれを視覚化して観察するのにブラウン運動が使えることを示したのである．

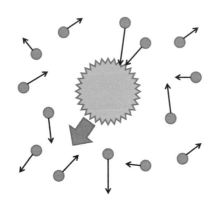

図 **9.5**　ブラウン運動の概念図．水分子は非常に小さいので，単体では微粒子すら動かすことはできない．しかし，複数の水分子がたまたま同時に衝突すると，微粒子が少し動く．このような衝突過程はランダムで起こるので，結果として微粒子は少しずつランダムに動いていく．

9.3　光量子仮説

　そして，アインシュタインが取り組んだ3つ目のテーマは「光量子仮説」に関するものである．光量子仮説はアインシュタインの提案した仮説で，当時やはり原因不明であった「光電効果」という現象を説明するために導入されたものである．光電効果とは，金属に波長の短い（エネルギーの高い）光を当てると，電源などを接続せずとも自然と電流が流れるというものである．アインシュタインはこれを次のように説明する．金属は多数の金属原子の集合体であり，それらの金属原子は各々電子を抱え込んでいる．そこに光の粒が飛んでくると，電子に衝突し，原子の外にはじき飛ばす（図9.6）．このようにしてはじき出された電子の運動が電流となって検出されるのである．エネルギーの低い光の粒では，原子から電子をはぎ取るのにエネルギー不足であるため，光電効果を起こすことができない．このようにして，アインシュタインは「光の粒」を想定して光電効果を非常にわかりやすい描像で

説明し，この光の粒を光子と呼んだ．

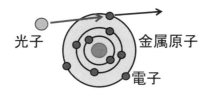

図 9.6　光電効果と光子．アインシュタインは，光の粒（光子）が金属原子中の電子に衝突し，弾き飛ばすと考えた．ちなみに，この図では金属原子中では中心の周りを電子が取り巻いているように描いているが，1905 年当時には原子中で電子がどのように存在しているかは明らかではなかった．

　しかし，アインシュタインの光子は大きな混乱をもたらすこととなる．なぜならば，光は粒子であるという考えは当時の常識に反するものであったからである．

　光の正体が何かという問題は，科学革命の時代にも多くの議論を巻き起こしていた．かのニュートンは自身の構築した力学体系を光にも適用するため，光は粒子であると主張していた．しかし，その後の議論で，ニュートンの光の粒子説は下火となり，クリスティアン・ホイヘンスの主張していた光の正体は波であるとの考え方が支配的となっていく．これは，光の示す諸現象は，波としての性質を色濃く示していたからである．たとえば，ガラスのコップにストローをさしてみると，まっすぐのはずのストローが途中で折れ曲がって見える．これは水と空気（またはガラス）との境界でストローから我々の目に向かう光が「屈折」するからである（図 9.7）．屈折は光が進む媒質ごとに進む速度が変化することで説明され，媒質により速度が変化することは波に特徴的な性質であるとされる．

　また，光は「回折」という波に特徴的な性質も示す．回折とは，波が狭い隙間を通り抜けた後，同心円状に広がり，壁際にまで広がっていく現象である（図 9.8）．光でもこのような回折が観測される．ブラインドの隙間を狭めた場合でも，部屋全体がほのかに明るくなるのは，ブラインドの隙間を通り抜けた光が回折するからである．

　さらに，光が波である決定的な証拠として，光が「干渉」することが挙げられる．「干渉」とは，ある場所に二つの波がやってきた場合に，二つの波

がお互いに影響しあう現象である．すなわち，二つの波の山の位置がそろっ
ている場合（同位相という），波同士はお互いに強め合い，一つの大きな波
を形成する．逆に，二つの波の山の位置がずれている場合，とくに，一方の
山の位置と他方の谷の位置がそろっている場合（逆位相），二つの波はお互
いに弱めあう（図 9.9）．光もこの干渉を示すことが明らかになっている．

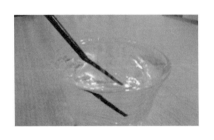

図 9.7　屈折．水に入れられた棒が，水に入っ
たところで折れ曲がって見える．

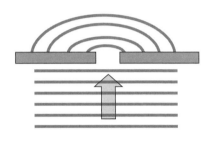

図 9.8　回折．平面状の波が狭い隙間を通り
抜けると，球面状に広がり，壁の裏側の影に
なっている部分にまで広がっていく．

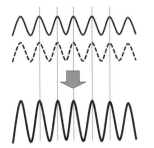
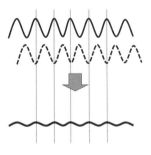

図 9.9　干渉．ある場所に二つの波がやってきたとき，波の山と山が重なるとき，二つの波は
強め合う．一方，波の山と谷が重なるときには，波はお互いに弱め合う．

　19 世紀初頭，英国のトーマス・ヤングが光は波であるとのパラダイムを
決定付ける実験を行っている．今日，ヤングの実験として知られるこの実験
で，ヤングは二つのスリットを通した光をスクリーンに写し，そのパターン
を調べている．ヤングは太陽光を並行に穿たれた細い二本のスリットに通さ
れる．二本のスリットを通る光は，回折され，スリット後方のスクリーンへ
と向かう．スクリーンに当たった光は，見事な縞模様を描く．これはスク

リーンの場所により，二本のスリットからの相対的な距離が変化することによる干渉が起きていることを示している．スクリーンに映る縞模様は干渉縞と呼ばれ，光が回折と干渉という波としての性質を持っていることを決定的に示している（図 9.10）．

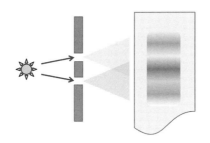

図 9.10 ヤングの実験．光が二重スリットを通ると，回折し，広がった二つの波としてスクリーンに向かう．スクリーン上では，上のスリットを通過した波と下のスリットを通過した波が干渉し，位置によって強め合ったり弱め合ったりする結果，縞模様が現れる．もしも光が波でなく粒子であれば，回折も干渉もしないので，スクリーンには二本の線が現れるはずである．

　このように実験的事実を通し，光が波であることは 19 世紀中には常識となっていた．理論的にも，マクスウェルとヘルツにより，電場と磁場の変化は電磁波という波の形で空間中に伝播し，光もこの電磁波の一種であることが示されている．このように，19 世紀から 20 世紀初頭には，光は波であるということは揺るぎない事実と認識されていた．アインシュタインの光量子仮説は，このパラダイムへ真っ向から挑戦するものだったのである．

第 10 章

量子力学

光は波なのか，それとも粒子なのか．アインシュタインが光量子仮説を提案して以降，光の正体をめぐり大きな混乱が起きることとなる．この混乱は20 年近く続くこととなるが，これに対し，フランスのルイ・ド＝ブロイがある提案をする．ド＝ブロイの提案をきっかけに，全ての物体は波であるとの前提に立って物体の振る舞いを調べる量子力学が誕生した．

10.1　量子とド＝ブロイ波

19 世紀まで，光は波であるという考えが常識として定着していた．それに対し，アインシュタインは光が粒子の集まりであると仮定することで，光電効果をうまく説明することに成功した．光電効果をはじめとして，20 世紀初頭を前後して，光は粒子と考えなくては説明のできない現象が次々と見つかることとなる．一例として，アーサー・コンプトンの発見した「コンプトン効果」と呼ばれる現象がある．これは静止していた電子に光をあてると，電子が動き出すというものである．このような現象は，光が運動量を持った粒子であると考えなくては説明ができない．電磁波のような波では，電子に運動量を与えることはできないからである．これは海に浮かべたボートを想像してもらえば容易に理解できよう．海の波がやってくると，波の上下動とともに，ボートも上下に揺さぶられる．しかし，ボートは水平方向には動かずに，その場で上下運動するのみである．横波はボートに水平方向の運動量を与えないからである．これと同様に，光を波と考える以上，電子に運動量を

与えて動かしてやることはできないのである．コンプトン効果は電子の粒子性を強く示唆する現象であり，この発見によりコンプトンはノーベル賞を授与されている．このように，光が波であることを示す現象，粒子であることを示す現象，双方が知られることとなり，光の正体は重大な関心事となる．

　光は波なのか，それとも粒子なのか．この問題に予想外の解答を与えたのが，フランスの物理学者であり，貴族でもあったルイ・ド＝ブロイであった．ド＝ブロイは，光の波動性と粒子性の双方を認めた上で，「光は波と粒子，両方の性質を持つものである」とした．彼の考えによれば，光は通常は波として振舞うが，何か物に当たると粒子としての性質が現れるものなのである．何も障害物のない空間中を伝播する際には，光は波としての形態をとっている．なので，屈折もするし，干渉も起こる．一方，金属原子や電子などの障害物にあたると，光はその瞬間から粒子としての性質を表す．運動量を持った実体として振る舞い，衝突した相手に運動量やエネルギーを受け渡すのである．このように波としての性質と粒子としての性質を兼ね備えた存在を「物質波」または「ド＝ブロイ波」と呼ぶ．また粒子としての特徴に着目する際には「量子」と呼ぶ．

　光は波と粒子，双方の性質を持つ．驚いたことに，ド＝ブロイはこのアイデアをさらに一般の粒子にまで拡張する．彼は，それまで波だと思われていたものが，実は粒子としての性質を持つならば，いままで粒子だと思われていたものも，波としての性質を持つかも知れないと考えたのである．つまり，電子や原子などの粒子も，障害物のない場所では実は波として振る舞っているというのである．さらに言えば，教科書やノートなど，我々の身の回りのものや，実は我々自身でさえも，実は波としての性質を有しているというのである．これは，我々が日常生活の中で抱いている感覚と大きく異なる，非常に挑戦的な提言であった．

　しかし，このド＝ブロイの提唱した，物質の持つ波としての性質も，後に実験により確かめられることとなる．ド＝ブロイが物質波のアイデアを提案した数年後には，クリントン・デイヴィソンとジョージ・トムソン（11章に登場する，電子を発見したJ.J.トムソンの息子）が金属結晶に電子線を打ち

込んだとき，反射される電子の作り出すパターンに干渉が見られることを示し，電子の波動性を明らかにした．また，光と同様に二重スリットを通した際に干渉縞が見られることも実験的に示されることとなる．日本でも日立製作所の研究所で電子顕微鏡などの開発にあたっていた外村彰が，電子一個一個を検知する特殊なスクリーンを開発し，ヤングが光で行ったのと同様の実験を電子に対して再現している．これらの実験を通して電子が波としての性質を持つことが確認され，ド＝ブロイの先見の明を示す結果となった．

　ちなみに，ド＝ブロイは彼の独自のアイデアを 1923 年に世界でもっとも権威ある科学雑誌である Nature 誌に寄稿した．彼の論文はわずか半ページ，50 行程度の非常に短いものであった．しかし，発見の重大性から，発表から 10 数年後にはド＝ブロイにはノーベル物理学賞が授与されている．

10.2　量子力学

　現在では，ド＝ブロイの考えたように，すべての物質は「粒子」と「波」の両方の性質をもつことが広く認められている．しかしながら，物質のもつ波としての性質は，質量の小さな物体でより顕著に表れる．電子のように，その質量がわずか 10^{-30} kg（1 kg の 100 億分の 1 の 100 億分の 1 のさらに 100 億分の 1）程度しかない物体では，波としての性質が非常に強い．しかし，より重い物体，たとえば電子よりも 1000 倍も重い陽子や中性子（後述）が何十個も組み合わさってできている原子などでは，波としての性質は現れにくくなる．さらに原子が大量に集まって作られる分子や，それらで構成される我々の身近な物体では，波としての性質はなかなか見ることが出来ない．なので，我々が日常的に触れるような物体——例えば，ボールや石ころなど——を考える限りは，それらの物体を波として考える必要はない．これは，物質波の波長（波の山と山の間隔）が質量に反比例するため，通常の物質では波長がとてつもなく小さくなり，もはや波として観測することができないからと理解できる．したがって，原子よりも大きなスケールの物体は，通常の粒子として，ニュートン力学に基づいてその運動を調べることができる．

　先述の通り，電子をはじめとする質量が著しく小さな物体の運動や状態を

考える際には，波としての性質は決して無視することができない．むしろ，粒子として扱ってしまうと大きな間違いを犯すこととなる．その一例として，原子中での電子の運動がある．原子はプラスに帯電した核（原子核）の周りを，マイナスの電荷を持ついくつかの電子が取り巻いているという描像は20世紀前半にイギリスのアーネスト・ラザフォードらによって確立されていた（次章で詳しく述べる）．しかし，太陽の周りを衛星が回るように，原子核の周りを電子が回っていると考えると，大きな矛盾が生じることもわかっていた．原子核の周りを電子が回転すると仮定すると，それは電子が加速度運動していることを意味する（回転運動では常に速度の向きが変化する，すなわち中心へ向けて加速しているのである）．しかし，電子は加速する際，必ず電磁波を放出するので，電子が回転し続ける，つまり加速し続けるということは，電磁波としてエネルギーを放出し続けることを意味する．電磁波としてエネルギーを放出していれば，電子はいつかエネルギーを失い，ほんのわずかな時間で中心の原子核に落ち込んでしまう．しかし，実際に原子はずっと長い時間存在している．この，電子の加速問題はラザフォードらの原子モデルの最大の難関として立ちふさがっていた．この矛盾は，まさに電子を粒子として扱ったために生じた矛盾なのである．コペンハーゲングループを率いるニールス・ボーアらは，電子は原子中である決まった軌道上を回る際には電磁波を放射しないという仮定を用いて，ラザフォードモデルを救おうと試みた．ボーアらは，この過程の理由付けに苦しんだのだが，電子を粒子と考えれば，たしかに電子は原子核の周りを「回転」することになるが，ド＝ブロイのいうように実際には電子は波として考えなくてはならないのである．電子の波は，原子核の周囲に「ただ存在している」だけであり，よって加速したり，電磁波によるエネルギー放出をしたりはしないのである．このようにして，原子核の周りを電子の波が取り囲むという原子モデルが確立されていく．

　このように，微小な物体の運動状態を考える際には，必ず物体を波として扱う必要がある．このことを認め，物体の波としての性質に重きを置いて物体の状態を調べる学問を「量子力学」という．量子力学の登場は，科学革命

以降，200 年余りにわたって完成された学問と思われてきたニュートン力学の限界を示すものであった．量子力学はそれまでの物理の考え方に根本的な変更を促すものであり，そのインパクトと重要性から，量子力学登場以前の物理学を「古典物理学」，量子力学を取り入れた物理学を「現代物理学」とわけることもある．

相対性理論はほぼアインシュタイン一人で完成された理論であるが，量子力学は多くの研究者の寄与によって築き上げられてきた．ド＝ブロイのアイデアを受け，物質の波としての振る舞い方を記述する方法が研究されていった．このやり方は当初は一貫しておらず，ポール・ディラックやヴェルナー・ハイゼンベルク，マックス・ボルンらによって考案された，行列を用いて波を記述する方法である行列力学が初めに登場した．少し遅れて，粒子の振る舞いを，直接的に波を表す方程式で記述する，エルヴィン・シュレーディンガーの波動力学が登場する．数学的に難解な行列力学に比べ，シュレーディンガーの考え出した波動方程式（シュレーディンガー方程式）は直観的に理解しやすいため，現在では初歩的な量子力学の教科書ではまず初めにシュレーディンガー方程式の扱いを学ぶことが多い．後にはリチャード・ファインマンにより，経路積分という数学的に洗練された手法も導入されるが，これらの方法は同一の物理現象を異なるやり方で示しているにすぎず，問題に応じて扱いやすいやり方で計算してよいということが確かめられている．彼ら量子力学の黎明期に活躍した物理学者は，軒並みノーベル賞を授与されていることからも，20 世紀における量子力学の誕生がいかに大きなインパクトを持っていたかが読み取れるというものである．

10.3 波としての振る舞い

さて，物体の運動を波として見ると，波であるがゆえに見られる不思議な現象が現れる．その一つであるトンネル効果を紹介しておこう．いま，図 10.1A のような壁に向かって，左側から粒子をぶつけるとしよう．我々の日常から得られる常識的な結論としては，粒子は壁にぶつかって跳ね返されるであろう．しかし，この粒子が波として振る舞っていると考えると，状況は

変わってくる．壁の高さや厚さが無限でない限り，波の一部は壁の向こう側に「しみ出す」ことができるのである（図 10.1B）．原理が異なるのであまりよい例えではないのだが，壁の向こう側での会話が，こちら側にも少しだけ聞こえてくるのに状況は似ている．波の一部が壁の向こうにしみ出すということは，小さい確率ではあるが，粒子が壁をすり抜けるということを意味している．これは，通常の粒子の運動を考えるニュートン力学では決して得られない結論である．このように粒子が壁をすり抜ける現象をトンネル効果と呼んでいる．あたかも壁にトンネルができて，そのトンネルを粒子が通り抜けるように振る舞うためである．

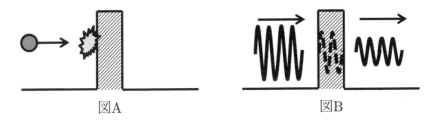

図 10.1   トンネル効果概念図．通常の場合，壁にぶつかった物体が，壁をすり抜けることはない（図 A）．しかし，波の場合には，振幅は小さくなるものの，波の一部はすり抜けて反対側に透過することができる．あたかも壁にトンネルが開いているかのごとき振る舞いから，トンネル効果と呼ばれる．

　前述のように，物体の波としての性質は，質量の大きな物体では顕著に現れることはない．したがって，石ころやボールを壁に向かって投げつけても，それらが壁をすり抜けることは，まずもって観測されないだろう．しかし，電子や光のように，波としての性質が強く表れる物体では，トンネル効果は普通に起き得る現象である．電子がトンネル効果により壁をすり抜けるという性質は，実は工学的には非常に重要な性質である．
　電子のトンネル効果を応用した便利な発明品を二つほど紹介しよう．一つは，現代社会になくてはならない半導体部品である．トンネル効果を利用して電流をコントロールする電気回路部品は 1950 年代に日本の江崎玲於奈により初めて開発された．トンネル効果とは，前述のとおり，通常は通り抜けることのできない「壁」をすり抜ける現象のことである．電子の流れである

電流にとっての壁とは，絶縁体である．通常，電流は絶縁体を通して流れることはないが，量子力学を考慮に入れれば，わずかではあるが，電子が絶縁体の向こう側へ染み出すこととなる．この電子の染み出す量をうまく制御することで，電流の大きさをコントロールしているのが半導体部品である．半導体部品には江崎により開発されたダイオードや，米国のウィリアム・ショックレー，ウォルター・ブラッテン，ジョン・バーディーンらにより開発されたトランジスタを代表格として，現在では様々な電化製品に活用されている．とくにトランジスタを何億個も集めて作られた集積回路は，パソコンや携帯電話などはもちろん，日本で利用されているほとんどの家電の頭脳として利用されている．また，電球や蛍光灯にとってかわりつつある発光ダイオードなども半導体部品の一例である．これらの半導体部品のように，量子力学を応用した製品は，現在の我々の身の回りにはいくらでも存在しており，我々は量子力学の恩恵なしには生きていけないのが現状である．

　トンネル効果を用いた別の応用例として，次にトンネル走査型電子顕微鏡を紹介しよう．通常，我々は小さなものを拡大してみるのに，顕微鏡や虫メガネを用いる．これらは共に，見たい対象から来る光の向きをレンズで変え，拡大された像を生み出すことで細かな部分を見やすくするための仕組みである．しかし，このような光を用いた拡大方法には限界があり，光の波長（約 0.7 マイクロメートル）より小さなものは拡大することができないという欠点がある．そこで，これより小さなものを拡大するのには，波長（ド＝ブロイ波長）がはるかに短い電子の波を用いた電子顕微鏡が用いられる．電子顕微鏡は，微細な半導体集積回路やウイルスなどの微生物を調べるのに有効である．しかし，電子顕微鏡にも欠点がある．それは，対象物があまりに小さい場合，電子線を当てただけで対象物が壊れてしまったり，状態が変化してしまったりする場合があるからである．そこで，従来の顕微鏡とは全く異なるメカニズムの顕微鏡である，トンネル走査型電子顕微鏡というものが開発された．

　トンネル走査型電子顕微鏡では，拡大したい対象物に，金属製の針（プローブ）をできるだけ近づけていき，対象物とプローブの間に電圧をかけ

る．プローブと対象物の間には空隙があり，通常電流は流れない．しかし，量子力学においては，対象物とプローブの間の空隙は，電子にとっての壁に相当し，空隙が小さければトンネル効果により電子が染み出して電流が流れることとなる．このとき流れるトンネル電流は，空隙の長さに対応しているので，プローブを水平方向に動かしつつトンネル電流の大きさを記録していけば，プローブから対象物までの距離を記録することが出来る．これは対象物の表面の凹凸を見ていることとなり，小さな対象物の表面状態を非破壊的に調べることができるのである．トンネル走査型電子顕微鏡を用いれば，ナノメートルサイズの対象物，例えば分子や原子の結晶構造までも観察することができる．このようにして，量子力学におけるトンネル効果を応用したトンネル走査型電子顕微鏡は，微細な加工を伴うナノテクノロジーには必要不可欠な道具となっている．

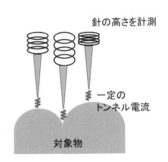

図 10.2　トンネル操作型電子顕微鏡．対象物に針を近付けると，ある距離の場所でトンネル電流が流れ始める．トンネル電流が一定となるように針の高さを調節し，その高さを計測することで，対象物表面の凹凸を捉えることができる．

10.4　量子力学の特異性

　量子力学では，物質は波としての性質を有すると考えるだけでなく，さらなる原理を要請する．それは，「粒子の正確な位置と速度（運動量）を同時に決めることはできない」というものである．1927 年にウェルナー・ハイゼンベルグによって提唱されたこの原理を「不確定性原理」と呼ぶ．粒子の位置と速度を同時に決められないとは，いったいどういうことであろうか．

正確な例えではないのだが，次のように考えてみよう．ある物体の位置を測定するには，その物体を観測する必要がある．すなわち，光や音や何らかの作用を与え，その応答を調べる必要がある．しかし，物体が非常に小さい場合，光や音を当てただけで，その物体は動いてしまう．従って，知りたかった位置が変化してしまうことになる．このようにして，小さな物体の位置を正確に知ることは極めて難しい．実は，量子の考え方を用いると，光や音の影響を無限小に抑えたとしても，物体の位置と運動は正確には決まらない．小さな物体は波としての性質が強い．しかし，波というのは，ある空間中に遍在するものであり，ある特定の位置に存在するわけではないので，小さな粒子の位置を一か所に特定することはできない．そのため，「量子はこのあたりにいる可能性が高い」という，確率的な表現しかできないのである．位置が決まらなければ，位置の変化率である速度も一意には決めることができない．このように，量子力学の世界では，位置や速度を決めることは簡単ではないのである．

　先にみたように，量子力学誕生のきっかけを作ったのはアインシュタインであった．彼が「光は粒子である」と主張したことからものごとが動き出したのである．しかし，アインシュタイン自身は，後年量子力学の考え方を強く否定した．とくに，物体の位置と速度が正確には決まらないと主張する不確定性原理を厳しく批判した．ものごとが確率的にしか決まらないという量子力学の主張に対し，アインシュタインは「神はサイコロ遊びをしない」と批判したのである．しかし，量子力学を適用することで，様々な現象がうまく説明できることは明らかであり，量子力学の有用性自身はアインシュタインも認めていた．アインシュタインは，量子力学は完成途上の領域であり，理論が完成すれば，不確定性が現れることはなくなるだろうと考えていたのである．しかし，アインシュタインの批判から半世紀以上たった現代においても，量子力学を超える物理理論はいまだに知られておらず，ミクロの世界ではものごとが確率的に決まるという主張は，科学者の間では常識として定着するようになっている．

第 11 章

新しいエネルギー

19 世紀の初頭，ジョン・ドルトンにより原子説が提案されると，この考えは広く支持され，19 世紀末には物体を形作る基本粒子としての原子の存在は広く常識として受け入れられていった．しかし，世紀の変わり目になるとこの考え方にほころびが生じ始める．そのきっかけとなったのはマリ・キュリーとその夫のピエール・キュリー（図 11.1），そしてかれらの協力者であったアンリ・ベクレルなどによる「放射能」の発見である．キュリー夫妻らは，ある種の原子は自発的に放射線と呼ばれる一種の光（後に光だけではないことが明らかになるが）を出すことを発見した．そして，放射線を出した後に，これらの原子は全く異なる種類の原子に変身することを明らかに

図 11.1 キュリー夫妻（Wikipedia）．右がマリ・キュリー，左がピエール・キュリー，真ん中が長女のイレーヌ・キュリー．マリとピエールは 1903 年に「放射能の発見」の功績によりノーベル物理学賞を獲得．マリはその後，1911 年に「ラジウムとポロニウムの発見」により単独でノーベル化学賞を受賞する．娘のイレーヌも 1935 年に「人工放射性元素の研究」により配偶者のジョリオ＝キュリーとともにノーベル物理学賞を受賞する．ちなみに，夫妻には後に二女イヴが誕生するが，イヴの配偶者であるヘンリー・ラブイスはユニセフ事務局長としてノーベル平和賞を受賞している．

した（図 11.2）．このように原子が放射線を出して他の原子に変身する性質を放射能という．原子が他の原子に変身するということは，原子はもっとも基本的な粒子ではなく，さらに小さな構造を持つことを強く示唆する．この発見をきっかけに，物質の構造についての理解がさらに進むこととなる．

図 11.2　放射能の概念図．ある原子が放射線を出すとともに，まったく別の種類の原子に変化する．

11.1　原子核の理解と原子力

　19 世紀から 20 世紀への世紀の変わり目の大発見として，ジョセフ・ジョン・トムソンによる電子の発見が挙げられる．真空に引いたガラス管の中に電極を設置し，強い電圧をかけると負の電極（陰極）から正の電極へ，青い光の筋が見られる様子が観測される．この光の筋を陰極線と呼ぶ．同じガラス管の中に羽根車を挿入し，この陰極線を当ててやると，羽根車は回転する．このことから，陰極線は運動量を持った粒子の流れであることがわかる．また，ガラス管の近くに磁石を置くと，光の道筋が変わることから，陰極線を構成する粒子はマイナスの電荷を持っていることが明らかとなった．トムソンは，この陰極から放たれるマイナス電荷を持った粒子を「電子」と名付けた．1897 年のことである．この電子こそ，電荷と電流の元となっているものであり，後にロバート・ミリカンによりその電荷の大きさが 1.6×10^{-19} C（電荷の単位：クーロンと読む）であることが明らかになる．

　電子の発見に続き，ケンブリッジ大学のアーネスト・ラザフォードのチームが次々と新しい発見をしていく．まず，ラザフォードらは，薄い金属の箔に，アルファ線（イオン化したヘリウム原子）のビームをぶつける実験を行った．このような実験では，大半のアルファ線は金属箔を素通りして，反

対側にすり抜けていくが，ごくまれに，金属箔に弾き飛ばされて，反対側に反射されるアルファ線があることがわかった．このことは，金属の原子は実はほとんどが空隙のスカスカな構造であり，その中心部に密度の高い核が存在していることを示している（図 11.3）．この原子の中心にある小さな核の部分を原子核と呼ぶ．つまり，原子はドルトンの考えたように，それ以上分割できない最小の粒子ではなく，さらに原子核と電子に分割することができたのである．

まれにビームが
はね返される

大半のビームは
原子を通過

図 11.3　ラザフォードの実験．原子（ラザフォードたちは金の原子を利用）にヘリウム原子核のビームを打ち込むと，その大半はすり抜けるが，ある確率で跳ね返される．このことは，原子の中身はスカスカであるが，その一部は硬い芯のようなもの（原子核）で占められていることを示唆する．

　それでは原子核と電子はそれ以上分割できない究極の粒子なのだろうか？結論から言えば，電子はそれ以上分割できない．つまり電子は我々の身体を形作るもっとも最小かつ基本的な粒子の一つである．一方，原子核は実はそうではない．原子核がさらに小さな粒子の集まりであることは，やはりラザフォードとその弟子たちによって明らかにされた．とくに弟子のジェームズ・チャドウィックらの活躍により，原子核は陽子という正電荷を持った粒子と，電荷がないものの陽子とほぼ同じ質量である中性子という 2 種類の粒子が複数個集まってできていることが明らかになった．

　このように，原子の中心に位置する原子核は，いくつかの陽子と中性子が塊となってできていることが明らかになった．そして，実は原子の種類の違いは，原子核に含まれる陽子と中性子の数の違いによるものであることが明らかとなる．例えば，水素の原子核は陽子 1 つで構成されている．それに対して，ヘリウムの原子核ならば陽子と中性子が 2 個ずつ，炭素であれば，陽子と中性子が 6 個ずつである．また，陽子の数は等しいものの，中性子の数

が異なる同位体と呼ばれる種類の原子も存在している．例えば，自然界に存在する炭素の大半は，陽子 6 個と中性子 6 個でできた原子核を持つが，約 1 ％程度ではあるものの，陽子 6 個と中性子 7 個でできた原子核を持つ炭素 13 という原子が存在する．

　前述のとおり，原子の種類は陽子と中性子の数の違いによって決まっている．実は，陽子と中性子の数が自然に変化することこそが，キュリー夫人らの発見した放射能の基本原理だったのである．そうであれば，もし原子核中の陽子と中性子の数を人為的に変えることができれば，原子の種類そのものを変えることもできるはずである．これは，四大元素の割合を変えることで，卑金属を金に変えようという中世の錬金術のアイデアと基本的に同じ考えである．このように，原子核中の陽子・中性子の数の変更を突き詰めていき，ついにその方法を発見したのが，イタリア生まれで，後にファシスト政権を避けて米国に移り住んだ，エンリコ・フェルミである．

　フェルミは当時発見されたばかりの中性子線源を使って，原子核を異なる原子核に転換させる画期的な方法を発見した．それは，原子核に中性子をぶつけることで，ターゲットの原子核をバラバラにし，より小さい原子核に分割する方法である．中性子は電気的に中性であるため，クーロン力（電気的な力）に邪魔されず，原子核に衝突できるからである．彼らは手当たり次第に，様々な原子核に中性子をぶつけ，どのような原子核に変換できるかを調べていった．その結果，彼らはウラン 235 という原子の原子核に中性子をぶつけると，非常に興味深い反応が起こることを発見した．

　ウラン 235 原子核は，陽子と中性子が合わせて 235 個組み合わさってできた巨大な原子核である．このウラン 235 原子核に中性子をぶつけると，原子核はセシウムなどのより小さな原子核に分裂する．このときに，複数個の原子核とともに，数個の中性子，熱，そしてガンマ線などの非常にエネルギーの高い光子（放射線）が放出される．ここで重要なのは，中性子をぶつけて原子核の分裂を起こすことに伴って，新たに何個かの中性子が生み出される点である．もし，原子核分裂に伴い生成される中性子を，さらに別のウラン 235 原子核にぶつけることができれば，さらなる原子核分裂を生じさせるこ

とができる．そして，さらにその時に放出される中性子を，また近隣のウラン 235 原子核にぶつけることができれば… というように，連続的に核分裂を起こすことができるのである（図 11.4）．このように次々と連続して核分裂が起こることを連鎖的核分裂と呼ぶ．ウラン 235 の連鎖的核分裂が起こる際には，核分裂のたびに熱が放出される．結果的に連鎖的核分裂が起こる際には，非常に大きな熱が放出されることとなる．この時に放出される大量の熱を利用して電力を生み出すのが，原子力発電である．原子力発電所では，ウラン 235 を集めた燃料集合体を原子炉と呼ばれる外部と隔絶された容器に納め，この中で連鎖的核分裂を起こす．原子核分裂により発生する熱は実に膨大で，石油 1 トンを燃やして得られるのと同じ熱量が，わずか 0.6 g のウラン 235 の連鎖的核分裂反応により発生するのである．

実際にはウラン 235 の連鎖的核分裂を起こすためには，核分裂時に放出される中性子の速度をうまくコントロールしてやる必要がある．中性子の速度が遅いと，放出された中性子は原子核分裂を起こすにはエネルギー不足となる．逆に速度が速すぎると，あっという間に周りの原子核を突き抜けてしまい，核分裂を引き起こすことが難しくなる．そこで，通常はウラン 235 を固めた燃料集合体（燃料棒）の周囲に，中性子の速度をコントロールする減速材という物質を置く．減速材には純水や黒鉛が使われる．1986 年に史上最悪の原子炉事故を起こしたチェルノブイリ原発は黒鉛を減速材として用いるものであった．現在日本で商用に使われている原子力発電所は，すべて純水を用いる型である．動いている原子炉を止めるには，さらに中性子の速度を遅くするために，制御棒というものを燃料棒の間に挿入し，中性子が次の核分裂を起こすのを妨げるようにして，原子炉の運転を停止することができる．

11.2 エネルギー問題

原子力エネルギーは非常に大きなメリットのあるエネルギー源ではあるが，一方で非常に大きなリスクも伴うものである．リスクの一つが制御の難しさである．通常原子力発電所では中性子を吸収する材質を用いて過剰な核反応を抑制しているが，その制御に失敗すると無尽蔵とも言える熱が発生し，

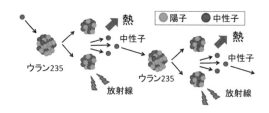

図 11.4　核分裂とウラン 235 の連鎖的核分裂. 原子核に人為的に中性子を衝突させることで, 原子核が壊れてより小さな原子核になる. その際に熱と放射線と中性子がこぼれ出る. 標的となる原子核としてウラン 235 を用いると, 連鎖的に核分裂を引き起こし, 次々と熱が放出される.

原子炉そのものを溶かしてしまう（メルトダウン). また, 原子炉を運転していると, 放射能を持った廃棄物が発生することが避けられない. このような放射性廃棄物が出す放射線は人体に有害であり, その処理には多額の費用がかかる. 現在でも放射性廃棄物を無害化する技術は確立の目途すら立っていない. それでは, どうして人類はこのような危険性を伴うエネルギーを使い続けているのであろうか. 日本では 2011 年 3 月の東日本大震災以前, 電力需要のおよそ 20 ％ を原子力に頼ってきた. 他の先進国も少なからぬ割合の電力を原子力に頼っている. もっとも割合の高いのはフランスで, 国策として原子力開発を推進し, 必要電力の実に 70 ％ 程度を原子力発電によってまかなっている（2018 年現在；将来的に縮小の方針). このように原子力発電が推進されてきたのには, ここ 300 年間の人類の使うエネルギーの急増の歴史にその理由を見出すことができる（図 11.5).

　先に見てきたように, 人類は 18 世紀の産業革命によって蒸気機関という新しい動力を手に入れた. 蒸気機関は熱を力学的仕事に変えるシステムであり, 蒸気を発生させるためには主に石炭などの燃料が必要となる. その後, 電気モーターやガソリンエンジンなどの登場により, 人類はさまざまな形の動力を使うようになったが, そのいずれもが何らかの燃料を必要とするものである. たとえ電力であっても, 主要な発電機関である火力発電所では何らかの燃料を燃やすことで電力を生み出している. 日本の場合, 2010 年時点では全電力のおよそ 7 割を, 石炭・石油・天然ガスなどの化石燃料を用いた火力発電に頼っていた. そして, 2011 年の大震災を経て原子力発電が大幅

に減った現在（2016年の値）では，火力発電は8割を超えている（石炭が32％，石油が9％，液化天然ガスが42％）．日本は最近になって中国に抜かれはしたものの，依然世界3位のエネルギー消費大国であり，毎年2億トン程度の化石燃料を消費し続けている．

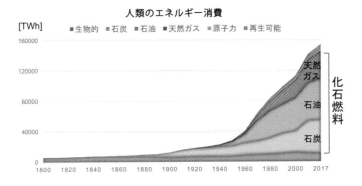

図11.5　人類のエネルギー消費量（https://ourworldindata.org のデータを元に作成）．人類が消費するエネルギーは産業革命以降急激に増え，現在も増え続けている．消費されるエネルギーの大半は化石燃料により賄われている．縦軸の単位はテラワット時（1時間あたり1兆ワット）．

このように，現代社会においては電化された便利な暮らしを送ることができているが，その裏では大量の化石燃料が消費されている．しかし，化石燃料の使用は，可能であればできるだけ減らした方がよいとされる．その理由の一つは，化石燃料は使い続けるといつかは枯渇する燃料であるということが挙げられる．化石燃料は，いまからおよそ3億年前に地球上に存在した植物によって作り出されたものである．3億年前，地球の陸地は湿潤な大森林におおわれていたと考えられている．森林の木々は光合成を行うことで，空気中の二酸化炭素を吸収し，体内に蓄える．やがて木が枯れると，朽ちて倒れて虫や菌類に蝕まれ，最終的には微生物によって水と二酸化炭素に分解される．しかし，湿潤な環境では，枯れた木々は分解されるより早く地中に埋もれ，空気から遮断された環境に置かれることがある．このように空気から遮断された環境では，微生物の働きによる分解作用が進まず，枯れた植物は炭素を蓄えたまま地中深くに埋もれていく．やがて十分地中深くまで埋もれ

ていった植物体は地熱によって変成作用を受け，石炭や石油といった化石燃料に作り替えられるのである．現在我々が消費している化石燃料は，3 億年という膨大な時をかけて植物から作られたものなのである．地球を覆っていた大森林はその後の大陸移動や気候変動によって失われ，化石燃料を作り出す環境はなくなってしまった．つまり，今現在地中に埋まっている化石燃料を使い尽くしてしまえば，その後化石燃料が回復するには数億年の時間が必要となるのである．地中にどれだけの化石燃料が眠っているのかには諸説あるが，化石燃料を使用し続ければ，いずれ人類は地球上の化石燃料を使い尽くしてしまうだろう．現在のエネルギー需給バランスを維持する限り，将来的には人類は電力を得ることも自動車を走らせることもできなくなってしまう可能性があるのである．化石燃料に替わる確固たるエネルギーが確立されるまでは，できる限り化石燃料を温存しておいた方がよいだろう．

　化石燃料の使用を控えるべきより切実な理由は，地球温暖化を防ぐためである．先述のように，化石燃料はもともと植物が光合成により大気から取り込んだ二酸化炭素である．よって，化石燃料を使用すると，固定されていた二酸化炭素を大気中に戻すこととなる．そして，二酸化炭素は強力な温室効果を生み出す．

　地球は太陽から赤外線という光の形で熱を受け取っている．太陽から受け取った熱は地表を温めるのに使われた後，地表から放出されて再び宇宙空間に捨てられる．しかし，熱の一部は大気中にそのまま蓄えられる．これが温室効果と呼ばれる現象で，温室のように熱を囲い込むことで，惑星の温度を上昇させる効果を持つ．この温室効果の強さは大気の組成による．二酸化炭素やメタン，水蒸気などが大気中に含まれていると，温室効果が強く働く．このような温室効果を促進する気体のことを温室効果ガスと呼ぶ．人間が二酸化炭素を大気中に大量に放出すると，その温室効果により，地球の温度が高くなる恐れがあるのである．実際，人類が化石燃料を使い始めた 200 年前には大気中の二酸化炭素は 200 ppm（0.02 ％）程度であったとされているが，現在では約 400 ppm（0.04 ％）まで増加している．これは，人類が化石燃料を大量に燃やして，莫大な量の二酸化炭素を大気中に放出したからと考

えられている．同時に，地球の平均気温も過去 100 年で 1 ℃ 近く上昇した
といわれている（図 11.6）．人類が化石燃料を使い続ける限り，このような
二酸化炭素の増加と気温の上昇は続くであろう．現在のペースで化石燃料を
使い続けると，2100 年には地球の平均気温は 6 ℃ 程度も上昇するといわれ
ている（1990 年の水準に対して）．ただし，二酸化炭素の増加と気温の上昇
の関係については，諸説あることも述べておく．

　それでは，どうして地球の気温が上昇することが問題なのだろうか．まず，
地球の気温が上昇すると，北極や南極などの氷が解けることとなる．氷が解
けてできた大量の水は海に流れ込むので，海水面が上昇することになる．す
ると，一部の島々や，海抜の低い地域は水没することとなるほか，大雨に伴
う洪水や高潮による被害も格段に増える．日本でも，海抜の低い土地が海面
下に消え，数百万人が現在住んでいる土地を離れなくてはならない危険性が
ある．また，気温の上昇は生態系にも深刻な被害を与える．ホッキョクグマ
のように北極にしか生息しない哺乳類や，南極のペンギンなどは環境の激変
により絶滅するだろう．寒冷な土地に生息する植物も甚大な被害を受けるこ
とになる．農作物も現在のようには育たなくなり，日本でもタマネギやジャ
ガイモなどは作付けできなくなるかもしれない．また，地球の平均気温が上
昇すると，現在では赤道近くの熱帯にしか生息しない蚊などの害虫の生息域
が高緯度地方まで広がることとなる．マラリヤやデング熱，西ナイル熱など
の蚊が媒介する伝染病が日本でも発生する可能性がある．このように，地球
温暖化はさまざまな災厄の原因となり得るのである．いま挙げた以外にも，
急激な気候変動は我々の想像を超えるような影響を引き起こす可能性すらあ
る．このようなリスクを避けるためにも，地球の温暖化の原因かもしれない
二酸化炭素の排出はできるだけ抑えていくべきといわれている．

11.3　再生可能エネルギー

　化石燃料は大量の二酸化炭素を排出する上，いつかは枯渇するエネルギー
源である．したがって，将来のことを考えれば，できることならば使用を控
える方が望ましい．しかしながら，化石燃料の代替エネルギーとして期待さ

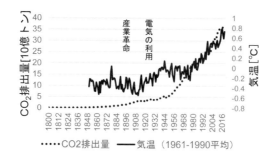

図 11.6 地球の平均気温の変化と二酸化炭素量（`https://ourworldindata.org` のデータを元に作成）．19 世紀以降，蒸気機関やガソリンエンジンの普及により二酸化炭素の排出が大幅に増えた．それとともに平均気温も上昇しているようにも見える．

れていた原子力エネルギーは事故時のリスクが非常に大きい．放射性物質の管理のむずかしさは，2011 年 3 月 11 日の東日本大震災後に起きた福島第一原発の事故で露呈した通りである．そこで，化石燃料・原子力に替わる新しいエネルギー源として，「再生可能エネルギー」が注目されている．再生可能エネルギーとは，自然から取り出すことができて，すぐには枯渇することのないものを指す．その代表格が太陽エネルギーである（図 11.7）．太陽は自然のものであり，そのエネルギーは日光として地球に大量に降り注いでいる．さらに，人間が少しくらい太陽のエネルギーを利用したところで，太陽エネルギーが枯渇することはまずあり得ない．実際，太陽は向こう 50 億年程度，現在と同じように（むしろ明るさを増して）輝き続けるだろう．太陽エネルギー以外の再生可能エネルギーとしては，ダムに雨などによって供給される水を貯めて，その位置エネルギーを利用する水力エネルギー，風の力で風車を回す風力エネルギー，潮の満ち引きを利用する潮力エネルギー，火山の熱を利用する地熱エネルギーなどが挙げられる．これらの再生可能エネルギーに共通する長所として，一度インフラを整備してしまえば，それ以降はほとんど二酸化炭素を排出することなく，エネルギーを生産することができるという点が挙げられる．枯渇することなく，かつ二酸化炭素を排出しないという点で，再生可能エネルギーはまさに化石燃料の短所を完全に補うことのできるエネルギー源なのである．

　再生可能エネルギーの代表格ともいえるのが太陽光エネルギーであるが，どうして他のエネルギーを差し置いて太陽光エネルギーが注目されるのであろうか．その理由は，利用することのできるエネルギーの大きさにある．太陽から地球へは，光の形で常時エネルギーが降り注いでいる．地球全体でみると，その量は 1 時間あたり 8.76×10^{18} ワットにも及ぶ．一方，2014 年の統計によれば，人類全てが日常生活や生産活動で利用しているエネルギーは，1 時間あたり 0.02×10^{18} ワットである．つまり，太陽から降り注ぐエネルギーのわずか 1％ でも利用することができれば，人類全体で必要としているエネルギーを全て賄うことができるのである．

　このように，太陽光エネルギーは莫大な量があるため，積極的に活用しようという動きが起こるのは当然と言えよう．しかしながら，2018 年の段階で，太陽光により賄われているエネルギーは化石燃料や原子力に比べて微々たるものである．日本では全発電量のわずか 6％ を占めるにすぎない．これは 8％ を賄う水力発電よりもさらに小さい．このように，膨大な供給があるにも関わらず，太陽光エネルギーの利用があまり進んでいないのには理由がある．

　当然のことながら，太陽光発電は太陽が出ているときにしか行うことができない．したがって，夜間はまったく発電ができない．太陽光発電で作った電気を夜間に利用するためには，昼間に作った電気を貯めておく技術の開発が必要となる．さらに，昼の時間帯であっても，雲っていたり雨が降っていたりすれば，発電効率は大幅に落ちることになる．これは，365 日 24 時間，時間や天候に関係なく発電できる他の発電方式に比べると非常に厄介な問題である．

　また，太陽電池パネルは一旦作ってしてしまえば，そこから先は多少のメンテナンスを除いてはコストがかからず，燃料もまったく必要とせずにエネルギーを生産することができる．しかし，その耐用年数は 20〜30 年といわれている（太陽電池の普及から日が浅いため詳しくは不明.）また，最初の製作段階での経済および環境コストが問題となる．現在主に用いられている太陽電池パネル本体は，地球上にありふれた物質であるシリコンを主要な材料

としている．しかし，パネル中の触媒や，一部の電極などにはレアメタル，レアアースといった物質が必要となる．レアメタルとは，チタンやプラチナを代表とする金属類で，電気電子回路を作る上で非常に有利な性質を持っている一方，地球上では希少であり，調達にはコストがかかる．一方のレアアースとは，モリブデンやネオジムなどの希土類元素などで，金属材料に混ぜることで様々な電気特性を示す．これらの元素は多くの場合，クロムや水銀，ウランやトリウムなど，非常に毒性の高い物質や放射性物質などと一緒に産出される．そのため，レアアースを採掘し精製すると，その周辺環境を著しく汚す危険性が指摘されている．これらのデメリットを有するため，太陽光発電は必然的に高コストとなり，すぐには化石燃料・原発の代替とはなり得ないのである．しかし，化石燃料の利用を抑制し，持続可能な形でエネルギーを調達するためには，いずれかの段階で再生可能エネルギー利用に向かわざるを得ず，そのためには更なる技術革新が必要である．

図 11.7　太陽光発電（Wikipedia）．光のエネルギーを電気エネルギーに変換するソーラーパネルにより発電を行う．ソーラーパネルは半導体などでできている．

第 12 章

世界の理解（1）：宇宙と地球

　科学革命以降，人類は自然について実に多くの知見を得てきた．その中でも目覚ましく理解が深まったのが宇宙についてである．宇宙はいかに大きいのか，宇宙の構造はどのようなものか，宇宙の中で地球の立ち位置はどこにあるのかなど，宇宙に関しては多くの問いが古代の時代からなされてきた．古典的にはこのような問いにはアリストテレス的な世界観が長きにわたり答を与えてきた．すなわち，宇宙の中心には地球があり，その周りを太陽や月，星々の張り付いた天球が回るという宇宙観である．この場合，宇宙の大きさはもっとも外側，恒星の張り付いた天球のサイズということになる．これら天球の運動は神聖物質であるエーテルによってもたらされ，地上の現象とは明らかに違う物理法則（＝神の意志，など）に従って天体は運動する．しかし，科学革命以降，このような宇宙観は捨て去られた．かわりに，コペルニクスやケプラーによって打ち立てられ，ニュートンによりその裏付けが与えられた宇宙観―地動説―が常識として定着するのである．

　このように人類は自分たちが宇宙の中心に位置するとの世界観を捨て去るのに 2000 年以上の歳月を要した．しかし，アリストテレス的世界観から脱却したのちも，宇宙の真の姿を理解するのにはなお 300 年近い年月が必要であった．人類が，星が輝く真の理由を見出し，宇宙はある時点で誕生して以降膨張し続けているという現代的な宇宙観を構築するのは，20 世紀の中盤以降である．ここでは，現代的な理解に基づき，宇宙がどれほど大きく広がっているのかを概観する．

12.1　宇宙はいかに大きいか

　我々人類の住む地球は，太陽の周りを回る惑星の一つである．太陽のように自ら光を発する天体を恒星と呼ぶ．恒星は宇宙の主要な構成要素（肉眼で見える地球外の天体としてもっとも数が多い）であり，夜空を彩る星々の大半はこの恒星である．一方，恒星の周りを軌道運動し，自ら光を発することなく，恒星の光を反射することで輝く天体を惑星と呼ぶ．地球は太陽の周りの軌道を 1 年かけて回る惑星である．太陽の周りには，ほかにも水星，金星，火星，木星，土星，天王星，海王星を合わせた合計 8 個の惑星が太陽の周囲を回っており，地球は内側から 3 番目の惑星である（図 12.1）．比較的最近までは，この 8 惑星にさらに冥王星を加えた 9 天体が太陽系の惑星とされていたが，2006 年の国際会議において，惑星の定義が変更となり，冥王星は惑星の座から準惑星というカテゴリに変更されることとなった．ちなみに，2006 年に採択された定義では，惑星は (1) 恒星の周囲を回りかつ衛星ではなく，(2) 自身の重力でほぼ球形となるほど質量が大きく，(3) 軌道上に他の大規模天体がいないような天体，ということに決まっている（図 12.2）．太陽の周囲には 8 個の惑星と数個の準惑星，さらに数多くの小天体が周回しており，これらを含めた全体を太陽系と呼ぶ．

図 12.1　太陽系の概念図．太陽系では恒星である太陽の周りを 8 つの惑星が回っている．図の縮尺は正確ではない．

　太陽のような恒星は宇宙の中でバラバラかつランダムに存在するわけではなく，ある程度のまとまりをもって存在していることが知られている．我々の住む太陽系は銀河系と呼ばれる 2000 億個ほどの星の集まりに属している．

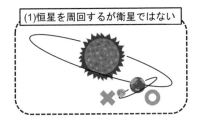

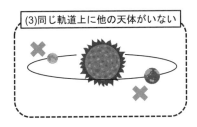

図 12.2 惑星の定義の概念図. (1) 恒星の周りを回るが, 衛星ではない. (2) 球形となる程度に重い. (3) 同じ軌道に他の天体がいない.

銀河系のように数十億から数千億個の星の大集団を銀河と呼ぶ. 宇宙には数多くの銀河が点在し, 各銀河には多くの星が含まれるが, 一歩銀河の外に出ると, その外にはほとんど星は存在していない. 我々の住む銀河系は直径10 億光年ほどの円盤状をしている. このような円盤系は典型的な銀河の形状で, このような形の銀河を円盤銀河（渦巻銀河）と呼ぶ. 一方, 三軸不等の楕円体に見える銀河もあり, これらは楕円銀河と呼ばれている. 楕円銀河は円盤銀河よりも質量やサイズが大きいので, 円盤銀河が複数個合体してできたとも考えられている. また, 合体途中であったり, 小さすぎてきれいな円盤型を形成できずにいたりする不規則銀河も存在する（図 12.3）.

　銀河の中にあっても, 星はさらに小さなスケールで集団をなす. 例えば, 生まれたての若い星は, 散開星団と呼ばれる数十〜数百程度の星の集団を形成する. これは星がある程度まとまった数で, 巨大なガス雲から誕生するためである. 太陽も誕生時はこのような散開星団に所属して誕生し, のちに徐々に星の間隔が広がって, 現在ではもっとも近所の星まで 4 光年という距離（光の速さで進んで 4 年かかる距離）まで星団が拡散している. 日本で

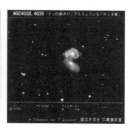

図 12.3　楕円銀河，円盤銀河，不規則銀河の写真（国立天文台）．左は楕円銀河 M87 銀河団の中心に位置する巨大な楕円銀河で，中心には超巨大ブラックホールが存在し，強力なジェットを噴き出している．中心のブラックホールは 2019 年に初めて撮像に成功した．真ん中は円盤銀河 M100．数本の「腕」と呼ばれる星とガスの集中した構造が渦巻模様を描いている．右は不規則銀河 NGC4038 と 4039．二つの銀河が合体中で，いびつに歪んでいる．

は「昴（すばる）」の名で知られるプレアデス星団も，肉眼で見ることのできる散開星団の一つである（図 12.4 左）．一方，年老いた星が数万〜数百万も集まり，巨大な球形の集まりを形作る球状星団というものもある（図 12.4 右）．このような巨大な星の集まりは，おそらくは銀河ができた際にほぼ同時期に作られたものと考えられている．さらに，円盤銀河では，円盤面上であたかも渦巻模様のように星の密度が高くなっている領域があり，これを腕と呼ぶ．太陽系は現在，オリオン腕と呼ばれる，銀河系の中でも星の密度の比較的高い腕の中に位置している．

図 12.4　すばるの写真，球状星団 M2 の写真（国立天文台）．左は散開星団と呼ばれる，生まれたての星の集まり．通常は数十個程度の星がまとまって生まれ，その後徐々にバラバラになっていく．ちなみに，生まれたてといっても誕生後 1000 万年程度は経っている．右図は球状星団と呼ばれる年老いた星の集まり．おそらく銀河誕生と同じ時期に作られ，誕生後 100 億年程度が経過している．銀河の中心部を球状に取り巻くように分布しており，各々の球状星団には数百万もの星が含まれている．

　宇宙の中で，星は銀河の中のみに存在するが，銀河自身も銀河団と呼ばれる銀河の集団を形成して分布している．やはり銀河団の外には銀河はあまり存在していない．一つの銀河団はおよそ数十〜数百の銀河を含んでおり，多くの場合には中心に巨大な楕円銀河を持つ．また，銀河団が複数個連なってできる超銀河団の存在も明らかになっている．逆に，宇宙には銀河がほとんど見つからない広大な空間もあり，このような場所をボイドと呼ぶ．宇宙はあたかもボイドを銀河団・超銀河団が網目状に取り囲んでいるような構造が遠方まで続くことが確認されている（図 12.5）．このような宇宙における巨大構造を，宇宙の大規模構造と呼んでいる．このような構造がどのくらい遠方まで続いているのかは興味深い問題である．

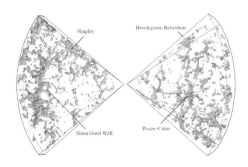

図 12.5　宇宙の大規模構造「扇の要部分に地球があるとして描いた宇宙の地図．10 数億光年の遠方までにある，20 万個以上の銀河がプロットされている．銀河が密集している部分（超銀河団）と，銀河があまりない部分（ボイド）があることが見て取れる．」Willem Schaap (https://commons.wikimedia.org/wiki/File:2dfdtfe.gif), "2dfdtfe", grayscaled by none., https://creativecommons.org/licenses/by-sa/3.0/legalcode

12.2　宇宙の誕生と進化

　宇宙には非常に多くの銀河が存在し，観測できる宇宙の中にはおよそ数千億もの銀河があると考えられている．1929 年，数多くの銀河を観測していたアメリカのエドヴィン・ハッブルが驚くべき結果を発表した．ハッブルらは銀河までの距離を測定するとともに，そのスペクトル（8 章参照）を調べていた．銀河のスペクトルは水素が出す光が卓越するが，銀河からの水素のスペクトルを実験室で測った波長と比較することにより，銀河の運動状態を

知ることができる．音波のドップラー効果と同じ原理で，近づいてくる銀河の発する波は波長が短く観測され，遠ざかる銀河の発する波は波長が伸びて観測される．このように，銀河から発せられる水素のスペクトルを観測すれば，銀河が地球に近づいているか遠ざかっているかがわかるのである．ハッブルが調べた結果，すべての銀河のスペクトルが長波長側にずれていること，そして遠方の銀河からの光ほどその伸びが大きいことを発見した．このことは，すべての銀河は地球から遠ざかる方向に運動しており，しかも遠い銀河ほど速く遠ざかっていることを意味するのである．このことをハッブル＝ルメートルの法則という．

　すべての銀河が地球から遠ざかっているということは，宇宙そのものが膨張していると解釈される．例として，宇宙を風船に例えて考えてみよう．風船の表面に銀河がちりばめられているとする．風船が膨らむと，風船上の銀河同士の距離はどの銀河同士であっても伸びていくことがわかる．風船の表面に特別な点がないのと同様，宇宙において地球の位置もまた特別な点ではないことに注意．

　宇宙が膨張しつつあるということは，宇宙は過去にはいまよりも小さかったことを意味する．さらに過去までさかのぼれば，宇宙はさらに小さくなる．どんどん過去に戻っていけば，やがて宇宙はどんどん小さくなり，しまいには宇宙は一点につぶれてしまうだろう．この宇宙が一点につぶれる瞬間こそが，宇宙の誕生の瞬間だと考えられる．この宇宙誕生の瞬間を「ビッグバン」と呼ぶ．ハッブルが宇宙膨張を発見し，宇宙にはじまりがあることを明らかにしたとき，この結果は驚きと不信を持って受け止められた．当時の常識としては，宇宙は無限の過去から未来永劫不変であると考えられていたからである．あの天才アインシュタインでさえも，ハッブルの発見を強く批判し，宇宙は静的で不変であると主張したくらいである．当時の天文学の大家であったフレッド・ホイルは「宇宙が膨張しているなどという話は『ビッグバン』だ（英語のスラングで『ありえない話だ』『大ぼらだ』）」といってハッブルを批判する．そのときに使われた「ビッグバン」という言葉が，そのまま宇宙誕生に当てはめられ，現在まで使われているのである．後に，1960

年代に入り，ビッグバンの際に宇宙に満遍なく放射された光の残光が観測され，ようやく宇宙はビッグバンにより始まり膨張してきたという宇宙観が広く信じられるようになった．

　20世紀末の1990年代になると，宇宙膨張に関して新たな知見が得られるようになった．超遠方の宇宙を観測した結果，宇宙が膨張する速度は加速していることがわかったのである．宇宙に存在する星や銀河同士には万有引力が働くため，基本的にお互いに引き合うはずある．したがって，宇宙は現在膨張していたとしても，やがて万有引力の働きで収縮に転じるものと思われていた．しかし，実際に調べたところ，宇宙膨張はその割合を増しているのである．もし本当に宇宙膨張が加速しているならば，万有引力を振り切って膨張を加速させるための何らかのエネルギーが必要である．しかも，観測される加速度を得るためには，このエネルギーの量は莫大なものが必要である．現在（2019年）のところ宇宙膨張を加速させているエネルギーの源はまったく不明である．そこで，このような正体不明の宇宙膨張を加速させるエネルギーを「ダークエネルギー」と呼んでいる．ダークエネルギーは宇宙に存在しているすべてのエネルギーの7割以上を占めると見積もられている．

　ちなみに，ダークエネルギーを除く宇宙の構成要素は27％に過ぎない．しかもそのうち，物質として正体がわかっているものはわずか4％しかなく，残りの23％は正体不明の物質—「ダークマター」からなっている．宇宙の96％は正体不明のエネルギーやら物質やらで満たされているのである．続く節でも見るように，20世紀以降，我々はかつてないほど宇宙について多くのことを理解してきた．しかしそれでもなお，宇宙の大半のことはわかっていないという状況なのである．

12.3　星はなぜ光るのか

　人類が太古の昔から抱いてきた問いの一つに「星はなぜ光るのか」というものがある．古代ギリシャをはじめとする多くの文化では，天体は神々の現身であり，星が光るのは神の力に他ならなかった．日本においても，例えば太陽は天照大神の化身であり，まさに神の光だと考えられていた．しかし，

ヨーロッパでは科学革命の時代，科学と宗教は分離されることとなり，星が光る原因についても，神の力によるものではなく，自然の法則にしたがった原因があるものとの考えが支配的となった．そこで，星，とくに太陽を光らせる原因について多くの仮説が検証されることとなった．その代表的なものを紹介しよう：

熱エネルギー説：熱を持った物体は，その温度に応じて光（電磁波）を放出する（8 章参照）．もし太陽のような星が，何らかの熱い塊であれば，その熱を光に変えることができる．現に太陽は手をかざせば熱を感じるので，この説はあながち荒唐無稽ではない．しかし 19 世紀にケルヴィンらによる実験から，太陽が可視光を発する程度の温度の巨大な塊である考えても，せいぜい数万年で熱エネルギーをすべて放出して冷めてしまい，太陽の光源としては成り立たないことが示された．

重力エネルギー説：太陽が縮むことにより，その重力エネルギーを開放して光を発することができる．収縮するということは，太陽中の物質がいくらか中心に向けて落下することにほかならない．したがって，太陽が収縮することにより落下した物体の重力エネルギー（位置エネルギー）が解放される．これを光に転換すれば，太陽や星の放射が説明できる．しかし，別の証拠から，太陽はむしろ膨張しつつあることがわかっている．また，この説に従えば，同じ質量の星であれば，年老いた星ほど収縮しているはずだが，そのような証拠はなく，むしろ老齢の星の方が大きいことが多い．

水素燃焼説：19 世紀に開発された分光学（8 章参照）により，太陽に大量の水素があることがわかった．この水素を燃焼させることで，太陽や星のエネルギー源とすることができるかもしれないと考えられた時期もある．しかし，同じく分光学の結果から，太陽には水素を燃焼させるのに必要な酸素がわずかしか存在しないことがわかっており，水素燃焼説は否定されることとなった．

このように，星を光らせるメカニズムとして，18 世紀以降多くの説が現れては否定されていき，結局この問題は 20 世紀に入っても解決を見なかった．最終的に星のエネルギー源が明らかになるのは，1930 年代に入り，原子核

についての理解が進んでからであった.

　キュリー夫妻やラザフォード, フェルミらの活躍により, 1920 年代まで
に, 原子核が陽子と中性子からなること, また原子核が分裂することにより,
別の原子核に変身することがわかっていた (11 章参照). その後, 核分裂と
は逆に, 小さな原子核同士を衝突合体させ, より大きな原子核に転換する核
融合も起こり得ることもわかってきた. 1930 年にはジョン・コッククロフ
トらが加速器実験により, このような核融合が実現可能であること, また核
融合の際にはエネルギーが放出されることを確認した. この原子核融合に伴
うエネルギー生成に注目したのがハンス・ベーテたちである. ベーテと学生
のラルフ・アルファは, 水素原子核の衝突合体を何度か繰り返すことで, ヘ
リウム原子核を作り出すとともに, 莫大なエネルギーを生み出すことができ
ることを発見した (図 12.6). このような原子核融合は高温・高密度環境で
のみ起こりえるが, 太陽や星の中心付近ではこの条件が達成され (太陽中心
は 1500 万 ℃), 水素の核融合が起こりえることが明らかになった. かくし
て, 人類は 20 世紀になり, ついに星を光らせるメカニズムについて理解に
到達したのである. ただ, 太陽中心で核融合が起こると, ニュートリノとい
う微小粒子が副産物として生成されるが, その量が理論と観測で合致しない
という太陽ニュートリノ問題が提起され, しばらくは太陽のエネルギー源確
定の障害となった. しかし, 日本のスーパーカミオカンデ実験などを通し,
この問題が解決されると, 太陽中心で水素の核融合が起き, そのエネルギー
で太陽が輝いているということが確実視されることとなった (次章参照).

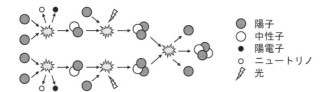

陽子
中性子
陽電子
ニュートリノ
光

図 12.6　pp チェイン. p は proton, つまり陽子のこと. 陽子が連鎖的に組み合わさってヘ
リウム原子核が作られるとともに, 光の形でエネルギーを放出する. 太陽や星の中心付近では
このような活動が続いている. pp チェインは恒星の主要なエネルギー源であるが, 重い星では
炭素・窒素・酸素を触媒としたヘリウム形成反応も起こることが知られている.

12.4　元素の起源

　太陽のようなさほど重くない星では，水素の核融合によりエネルギーが生み出されるとともにヘリウムが生成される．星中心部でヘリウムの割合が増え，水素の核融合が続かなくなると，星は死を迎える．しかし，太陽よりも重い星では，中心付近でヘリウムが多くなると，今度はヘリウムの核融合反応により炭素が作られる．さらに炭素とヘリウムによる核融合で酸素，酸素とヘリウムの核融合でネオン，というように，さらに核融合が続き，最終的に鉄が生成される．鉄は非常に安定な元素であり，鉄が生成されると，それ以上核融合することができなくなる．結果として，重い星は自らの重さを支えるエネルギー源を失い，つぶれることとなる．つぶれた結果爆発して星全体が吹き飛び，超新星爆発という非常に明るい天体現象として観測される．何らかの理由によりつぶれた重い星が爆発に失敗し，そのままつぶれてしまう場合もあり，この際にはブラックホールが形成されると考えられている．ブラックホールは重力が非常に強く，周囲の空間をねじ曲げてしまった結果，光すらも抜け出せなくなってしまった天体で，星の死後に残されるだけでなく，銀河などの中心には巨大なブラックホールが存在することが知られている．しかし，重い星の死後，どのような条件でブラックホールが誕生するのか，また銀河中心の巨大ブラックホールがどのようにしてできたのかは，いまだによくわかっていない．

　さて，前述のように比較的重い星の中では水素を材料に，鉄までの様々な元素が生み出されている．実は，我々の身体を作っている元素も，その多くは星の活動により生み出されたものなのである．宇宙が誕生した直後，宇宙に非常に高温であり，まだ元素は存在しなかった．温度が非常に高く，陽子や中性子が原子核としてまとまることができなかったのである．しかし，ビッグバンから時間がたち，宇宙が冷えてくると，陽子と中性子が原子核を構成し，水素とヘリウムの原子核が作られるようになった．しかし，宇宙の膨張と冷却が急速だったため，ヘリウムよりも重い原子核が作られる前に宇宙は密度が下がってしまい，それ以上原子核の生成は行われなかったと考えられている．つまり，宇宙がごく若かった頃，宇宙には元素としては水素と

ヘリウムしか存在しなかったのである．（ごく微量のリチウムがあった可能性もあるが，よくわかっていない．）

　現在の宇宙（太陽系近傍）に存在する元素の割合は，水素が約71％，ヘリウムが約27％，残りの2％が酸素や炭素，鉄などその他の元素である．それに対し，岩石惑星である地球は主に鉄，酸素，ケイ素，マグネシウムなどでできている．地球は宇宙に存在するほんの僅かな「その他」の元素を濃縮してできているのである．その地球の上で暮らす人間をはじめとする生命の身体も同様に，宇宙全体では微小量しか存在しない元素からできている．これらの元素は主に重い星の中で核融合反応により作られ，星の死とともに宇宙空間にバラまかれたものと考えられている．つまり我々の身体は，かつて宇宙で輝いていた星のかけらでできているのである．（リチウム，ベリリウム，ホウ素は例外的に，星で作られた元素が宇宙空間で他の粒子と衝突し，破砕されて生成されると考えられている．）

　一方，星の中での核融合でできる元素は，鉄よりも軽いものに限られる．鉄よりも重い元素は，重い星が一生の最後に起こす超新星爆発の際に作られると考えられている．超新星爆発の際には，星中心の鉄でできた中心核がつぶれ，鉄原子核がバラバラに壊される．この際，原子核中の陽子や電子は圧縮され，強制的に陽子が電子を吸収して大量の中性子が作られる．この中性子は，爆発の際に高速で吹き飛んでいくが，中性子は電気的に中性で，電気力を受けないため，星の外層にあった原子に衝突すると吸収され，より重い原子に転換される．こうして，超新星爆発の際には鉄よりも重い元素が作られ，宇宙空間にバラまかれる．この際に作られた元素も地球には多く存在する．また，爆発の後には吹き飛ばされずに残った中性子の塊である中性子星が残される．

　このように宇宙に存在する元素は主に宇宙初期，星の中，超新星爆発で作られたものである．しかし，これらのプロセスだけでは，鉄よりも重い元素の総量や，金やプラチナ，鉛などの非常に重い元素の存在比を説明できないことが問題となっていた．近年，プラチナのような重い元素は中性子星同士の合体衝突に伴う爆発現象の際に作られることがわかってきた．中性子星同

士の合体時には重力波という時空のゆがみの伝播が発生する．重力波と可視光線，赤外線，X 線などの電磁波，そしてニュートリノ（後述）など異なる情報の同時観測は現代天文学の最先端の分野であり，マルチメッセンジャー天文学と呼ばれている．中性子星同士の合体による爆発の電磁波と重力波の同時観測は 2017 年に初めて実現し，大きな話題となった．

第 13 章

世界の理解（2）：ミクロの世界

　我々の住む宇宙について，20世紀以降多くのことが理解されるようになってきた．その中で，広大な宇宙も実は非常に小さなビッグバンからスタートしたこと，星の営みも原子核融合というミクロの物理現象をエネルギー源にしていることが明らかとなってきた．つまり，我々がこの世界について真に理解するためには，ミクロの世界の出来事を司る物理が本質的に重要なのである．

　一方で，前述の通り，我々の身の回りの物体を細かく分解していくと，いったいどこまで細かくすることができるのか，我々の身体はいったい何からできているのかという問いは，太古の昔からの人類の根源的な問いの一つであった．このように，それ以上分割することのできない「究極の物質」を素粒子と呼ぶ．素粒子は我々の身体を形作るもっとも小さなブロックのパーツともいえる．素粒子とは何かという問いに対し，アリストテレスら古代ギリシャの人々は四大元素の考え方を提案し，長きにわたり支持を得ていたわけである．しかし科学革命期にアリストテレスの世界観が否定されると，かわってドルトンによる原子仮説が登場し，実験的にも確かめられるに至ったのである．しかし，20世紀に入ると，原子核の発見などにより，ドルトンの提案した原子も素粒子でないことが明らかとなる．結局，人類が科学の誕生以来追い求めてきた究極の物質は，現代科学ではどのように理解されているのであろうか．

13.1　素粒子の世界

　原子の発見とそれに続く多くの元素の特定は 19 世紀科学の偉業の一つであった．しかし，20 世紀に入ると原子すらも素粒子ではないことがすぐに明らかになる．ラザフォードとその弟子たちにより，原子はさらに原子核と電子からなり，原子核すらもさらに小さな陽子と中性子から成り立つことが明らかとなった．それでは，陽子や中性子は素粒子なのであろうか．現在の理解では，答えは否である．実は陽子や中性子ですらも，さらに小さな要素がいくつか組み合わさってできているのである．（ただし，電子はそれ自身素粒子であることがわかっている．）

　現在の理解では，陽子や中性子は，さらにクオークと呼ばれる微小な粒子が 3 つ組み合わさってできていると考えられている．そして，このクオークは現在のところ，素粒子であると信じられている．20 世紀に登場した素粒子の「標準模型」と呼ばれる理論では，素粒子はクオークを含めて大きくわけて 4 種類あるとされている（図 13.1 参照）．4 種類の素粒子の中でも，我々の身体を形作る基本要素となるのが，陽子や中性子を形成するクオークである．クオークには 6 種類（アップ，ダウン，チャーム，ストレンジ，トップ，ボトム：u,d,c,s,t,b と略される）あることが知られ，陽子と中性子はアップクオークとダウンクオークが計 3 つ合体してできている．アップとダウン以外のクオークを含む物質は安定的には存在できず，加速器実験などによって生成してもすぐに分解してしまう．1960 年代にマレー・ゲルマンとジョージ・ツワイクによりクオークの存在が予言された際には，クオークは 4 種類と仮定されていたが，のちに日本の小林誠と益川敏英により 6 種類に拡張された理論が素粒子の標準理論とされている．

　クオークとともに我々の身体を形作るのが，電子を代表格とするレプトンである．レプトンは電子，ミュー粒子，タウ粒子および 3 種類のニュートリノからなり，一般にクオークよりも質量が小さい．現在「標準模型」とされている素粒子のひな型では，レプトンのうち，ニュートリノは質量を持たないとされてきた．しかし，ニュートリノを検出できる日本の巨大実験施設「スーパーカミオカンデ」を用いた研究により，ニュートリノはわずかなが

ら質量を持つことが明らかとなっている．このことから，素粒子の標準模型は正確ではなく，今後素粒子についての新しい理論体系が必要となることが示唆されている．

　素粒子の中でもゲージ粒子と呼ばれる一群の素粒子は，クオークやレプトンとは大きく異なる．ゲージ粒子は物質を形作るのではなく，物質同士に働く力を媒介する働きを持つのである（図 13.2）．たとえば，二つの物体の間に電磁気力が働くとき，この電磁気力はゲージ粒子の一つである光子により媒介される．つまり，電磁気力が働くときには一方の物体から光子が放出され，それを他方が受け取ることにより，力が働くのである．ゲージ粒子は，このように物質間でキャッチボールされるボールの役割を果たし，そのボールがやり取りされることにより，物質間に力が働くのである．存在が確認，または予言されているゲージ粒子の中でも，重力を媒介するグラビトンは 2019 年現在でも実験的に確認されておらず，素粒子物理学の大きなターゲットの一つとなっている．

　4 種類ある素粒子の最後に，ヒッグス粒子が挙げられる．ヒッグス粒子は我々の周りに数多存在している素粒子で，この素粒子が通常の物質に「まとわりつく」ことにより，物質に質量を与えていると考えられている．ヒッグス粒子がまとわりつくことで，物質は少々「動きにくく」なる．この「動きにくい」ということが，「質量がある」ことに対応するのである（図 13.3）．ヒッグス粒子は 1960 年代にピーター・ヒッグスによりその存在が予言されていたが，長年にわたり見つけることのできない謎の多い素粒子であった．しかし，2012 年についに実験的に存在が確認され，ヒッグスは 2013 年にノーベル省を受賞した．

13.2　宇宙の誕生と素粒子

　前述の通り，現在広く信じられているビッグバン理論によれば，宇宙はかつては非常に小さく，高密度で高温度環境にあったと考えられている．このような生まれたての宇宙では，温度が非常に高いため，物質は原子分子どころか，陽子中性子の形すら保つことができず，素粒子レベルまでばらばらに

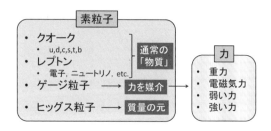

図 13.1 素粒子．クオーク，レプトン，ゲージ粒子，ヒッグス粒子の 4 種が素粒子と考えられている．このうち，クオークとレプトンが通常の物質を構成し，ゲージ粒子は力を媒介する働き，ヒッグス粒子には質量を与える働きを持つ．

分解され，どろどろに混ざり合っていたと考えられている．やがて宇宙が膨張するにつれ冷えていくと，徐々に素粒子の分化が進んでいくことになる．ある程度温度が下がると，ゲージ粒子が分化して物質間に力が働くようになり，クオーク同士が結びついて陽子や中性子などが作られる．また，ヒッグス粒子が独立すると，物質に質量が与えられる．さらに宇宙が膨張し，温度が下がると，陽子や中性子は結合して原子核を作る．宇宙の初期の段階では，主に水素とヘリウム，そしてごく微量のリチウムの原子核が作られたと考えられている．

　宇宙に存在する様々なものの密度が高い間は，光すらもまっすぐ進むことができず，宇宙は霞のかかったような状態であった．しかし，宇宙が膨張し，密度が下がると，やがて光が自由に動き回ることができるようになる．この瞬間を「宇宙の晴れ上がり」と呼ぶ．あたかも霧が晴れて，風景が見えるようになるのと同じようなことが宇宙の初期に起こったのである．このとき放射された光は，現在は宇宙膨張とともに波長が伸び，マイクロ波と呼ばれる電磁波となって宇宙を満たしている．

　さて，物質に力が働くようになると，特に重力が重要な働きをもたらす．引力と斥力が存在して最終的には力がキャンセルされてしまう電磁気力と違い，重力はすべての物質に対して引力として働く．しかも重力の影響は無限遠方まで及ぶため，重力の働きが宇宙全体の振る舞いを決めることになる．物質同士に重力が働くことにより，密度が周囲よりも相対的に高い場所では，重力により周囲の物質をより引き付ける作用が働く．その結果，密度の高い

場所にはさらに物質が集まり,暴走的に密度が高くなることになる.このようにして宇宙空間を漂う物質が掃き集められ,ある程度の量が集まると,密度温度が十分に上がって星ができるのである.星ができた後,周囲に取り残された物質がさらに重力の働きにより集められ,固まると,星の周囲に惑星が作られる.我々の住む地球も,いまから45億年前に重力の働きで太陽が作られた際,その材料物質の残り物から生まれたのである.

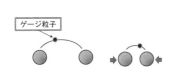

図 **13.2** ゲージ粒子の概念図.ものとものの間でゲージ粒子がやり取りされると,もの同士の間に力が働く.

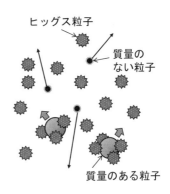

図 **13.3** ヒッグスメカニズムの概念図.ヒッグス粒子は他の粒子にまとわりつく.ヒッグス粒子にまとわりつかれた粒子は抵抗を受け,運動しにくくなる.運動のしにくさこそが,質量であると解釈される.一方,光のようにヒッグス粒子が付着しない粒子は,質量を持たない.

13.3 素粒子の標準理論の先へ

上述の通り,6種のクオーク,6種のレプトン,ゲージ粒子,ヒッグス粒子からなる素粒子の枠組みを標準理論と呼ぶ.標準理論に基づいて多くの自然現象が説明可能であり,20世紀の後半から21世紀の初頭にかけて,標準理論は多くの成功を収めてきた.しかし,現在では標準理論も綻びが生じていることがわかっている.例えば,レプトン属に含まれるニュートリノの示す「ニュートリノ振動」は標準理論の枠組みを超える現象であることが知られている.

ニュートリノには電子ニュートリノ,ミューニュートリノ,タウニュート

リノの3種類（と，それぞれのニュートリノと反対の性質を持つ反ニュート
リノ3種）の存在が知られている．標準理論では，これらのニュートリノは
質量がないとされていた．しかし，1998年に日本のニュートリノ検出実験装
置であるスーパーカミオカンデを用いた観測から，ニュートリノの種類が変
化するニュートリノ振動という現象が起きていることが示された．ニュート
リノ振動はニュートリノに質量がないと理論上起こりえないとされており，
ニュートリノ振動が観測されたことから，ニュートリノの質量をゼロとする
標準理論は正しくないことが示唆されている．この発見により，東京大学の
梶田隆章が2015年にノーベル物理学賞を受賞している．

　また，素粒子理論の標準理論を超えた未知の素粒子の存在も提案されてい
る．例えばアクシオンと呼ばれる非常に小さな質量の素粒子があると考えて
いる研究者は少なくない．このアクシオンは，なぜ宇宙には物質が満ち溢れ
ているのに反物質（物質と反対の性質を持つ粒子：例えば，負電荷を持つ電
子に対して，正電荷をもつ陽電子）が存在しないのかという大問題を解決す
る糸口になると考えられている．また，宇宙に大量のアクシオンが存在すれ
ば，宇宙のダークマターを説明できるのではないかとも期待されている．ア
クシオンが本当に存在するかどうかはまだわかっていないが，このような標
準理論を超えた未知の素粒子の存在も決して絵空事ではなく，真剣に検討・
実験が進められている．

これからの科学

　本書ではここまで，人類が自然についてどのように理解してきたか，その歴史を概観してきた．人類は数千年前から，自然がなぜこのように振る舞うのか，その理由の探求を続けてきた．これは現在でも同じである．しかし，自然について理解すればするほど，新たな謎が湧いてくるというのも事実である．例として，我々は20世紀に入り，宇宙がいかに広大かを理解してきたが，その反面，宇宙の大半がダークマターやダークエネルギーといった正体不明のもので構成されていることがわかってきたことを見た．我々はむしろ，自然がいかに理解不能なのかを理解してきたともいえるかもしれない．

　自然はかくも不可思議なものであるが，なぜ科学者は自然の理解を目指すのだろうか．これは，我々人類がどのように生まれ，どのような存在で，どこに向かうのか，その存在意義を明らかにしたいという欲求に突き動かされているからかもしれない．ゴーギャンの代表作（図 14.1）の表題ともなっている，「われわれはどこから来たのか，われわれは何者か，われわれはどこに行くのか」は人類共通の根源的な問いなのだろう．この問いに答えるのが哲学や自然科学の究極の目標なのかもしれない．

図 14.1　ゴーギャン「われわれはどこから来たのか，われわれは何者か，われわれはどこに行くのか」．この絵の表題は科学の究極の目標でもある．

　「人間はどこから来たのか」という問いについて，我々は現在までにかなり詳細にまで理解できるようになってきた．すなわち，およそ140億年前にビッグバンを経て宇宙が誕生し，その宇宙でガスが集まり，星ができ，銀河ができた．星の周りでは，星の材料の残りものが集まって惑星ができた．惑星のうち，条件のよいものは液体の水や豊富な大気を持ち，その中で生命が誕生した．地球もそのような恵まれた惑星の一つである．生命は自然淘汰の原理に従って進化を重ね，我々人間が誕生したのである．

　しかし，このシナリオの中で，「なぜ生命が誕生したのか」については，現在でもよくわかっていない．落雷によるエネルギーを利用した，火山噴火のエネルギーが生命を作った，海底の熱水噴出孔付近で原始生命が生まれた，宇宙から生命の素がもたらされた，などなど，様々な説が検討されているが，いまだに決定打は得られていない．生命誕生のきっかけは，21世紀の科学の大きな課題である．それと同時に，地球外に生命は存在するのかも興味深い話題である．生命誕生の条件がわかれば，他の惑星系にも生命が存在するか否かが明らかになるかもしれない．現在，地球系外惑星に対し，生命存在の兆候が得られないかを探るため，多くの観測が進行中である．近いうちに，他の惑星系でも生命の存在を示すバイオマーカーが見つかる可能性もある．

　「人間は何者か」という問いについても，かなりの部分がわかっている．我々人間はおよそ40兆個の細胞という生命の基本組織の集合体である．各々の細胞は核の中にDNAという生命の設計図を持ち，その設計図に基づいて身体を作り上げている．そして，それぞれの細胞はタンパク質やリン酸といった高分子化合物からできている．それら化合物は複数の原子の組み合わせである．原子は原子核と電子からなる．原子核はさらに陽子と中性子からなる．陽子と中性子を形作るクオークや，電子などはそれ以上分解することができない素粒子である．つまり，我々の身体は，究極的にはクオークや電子などの素粒子から成り立っている．

　しかしながら，宇宙に存在する物質の中で，これら正体のわかっている素粒子は，全体の数％に過ぎないこともわかっている．残りの9割以上は，質量はあるが正体不明の物質であるダークマターと，まったく得体の知れない

ダークエネルギーからなることがわかっている．このダークマターとダークエネルギーが何なのか，我々はまったくわかっていない．現在多くの実験や宇宙の観測により，これらダークな者たちの正体を探る研究が進められている．同時に，クオークや電子をはじめとするレプトン，それにヒッグス粒子とゲージ粒子を合わせたものが素粒子全体であるという，素粒子の標準模型も実は正しくないことが示唆されている．現在まだ見つかっていない，未知の素粒子が存在し，その未知の素粒子がダークマターの正体である可能性も検討されている．

　本書で見てきたように，科学的知識の発展と，人間の生活を支える技術の発展は，車輪の両輪のようなものである．新たな知識が得られると，それを応用して新たな技術が生まれる．新たな技術が生まれると，それを用いて新しい知見が得られる．また，新たな技術を生み出すためにも，自然についての研究が進められる．このように，科学の進歩と技術の進歩は並行して進んでいく．今後解き明かすべき自然の謎として，生命誕生や宇宙の構成要素の解明などが挙げられるが，これらの知見から新たな技術が生まれ，我々の生活をさらに豊かに変えるかもしれない．逆に，技術が進歩し，新たな実験や観測が可能となることで，今までわからなかった自然の姿が見えてくる可能性もある．現在進行形で開発が進む技術として，常温超伝導，核融合炉，量子コンピュータ，ゲノム編集技術など，多くの分野で新規開発が進んでいる．これらの技術的発展が，自然科学の発展につながることも大いに期待できるのである．

　最後に，「人間はどこに行くのか」という問いが残っている．この問いに関して，我々は将来を予測する術をいまだ持たない．天気予報ですらも，最新のスーパーコンピュータを使って数日先の天気を予想することもままならないのである．100年度，1000年後，それより先，人類が今と同じように生きているのか，それとも恐竜のように滅びるのか．さらなる進化を遂げるのか．あるいは地球を飛び出して宇宙に進出していくのか．人類の将来は，人類がどこまで自然を理解し，技術を有効に使えるかにかかっていることは言うまでもないだろう．

参考文献

- 「Our World in Data」webページ　https://ourworldindata.org/
- 日本天文学会「天文学辞典 web 版」　https://astro-dic.jp/
- アーノルド・パーシー（林武監訳，東玲子訳）「世界文明における技術の千年史」新評論（2001）
- アルベルト・アインシュタイン（内山龍雄訳）「相対性理論（動いている物体の電気力学）」岩波書店（1988）
- 池内了「ノーベル賞で語る現代物理学」新書館（2008）
- 伊藤俊太郎「近代科学の源流」中公文庫（2007）
- 伊藤俊太郎，広重徹，村上洋一郎「思想史の中の科学　改定新版」平凡社（2002）
- ウィリアム・F・バイナム（藤井美佐子訳）「歴史でわかる科学入門」太田出版（2013）
- ガリレオ・ガリレイ（伊藤和行訳）「星界の報告」講談社（2017）
- 小暮智一「現代天文学史」京都大学学術出版会（2015）
- 小山慶太「エネルギーの科学史」河出書房新社（2012）
- 小山慶太「科学史年表　増補版」中公新書（2011）
- 小山慶太「科学の思想と歩み」学術図書（1985）
- 小山慶太「入門　現代物理学　素粒子から宇宙までの不思議に挑む」中公新書（2014）
- 佐藤勝彦監修「「量子論」を楽しむ本」PHP 文庫（2000）
- ジョセフ・ギース，フランシス・ギース（栗原泉訳）「大聖堂・製鉄・水車」講談社（2012）
- ジョゼフ・ニーダム（牛山輝代編訳）「ニーダム・コレクション」筑

摩書房（2009）

- スティーブン・ワインバーグ（本間三郎訳）「電子と原子核の発見」筑摩書房（2006）
- スティーブン・ワインバーグ（小尾信彌訳）「宇宙創成はじめの3分間」筑摩書房（2008）
- スティーブン・ワインバーグ（赤根洋子訳）「科学の発見」文藝春秋社（2016）
- 田近英一「地球環境46億年の大変動史」科学同人（2009）
- ダニエル・ジャカール（吉村作治監修，遠藤ゆかり訳）「アラビア科学の歴史」創元社（2006）
- 筒井泉「電磁場の発見と量子の発見」丸善（2020）
- トマス・J・クローウェル（藤原多伽夫訳）「戦争と科学者」原書房（2012）
- トマス・クーン（中山茂訳）「科学革命の構造」みすず書房（1971）
- 中山茂「天の科学史」講談社（2011）
- 中山茂「パラダイムでたどる科学の歴史」ベレ出版（2011）
- 野家啓一「パラダイムとは何か」講談社（2008）
- 廣瀬匠「天文の世界史」集英社（2017）
- 兵頭友博，雀部晶「技術のあゆみ　増補版」ムイスリ出版（2001）
- 古川安「科学の社会史　ルネサンスから20世紀まで　増訂版」南窓社（2000）
- マイケル・モーズリー，ジョン・リンチ（久芳清彦訳）「科学は歴史をどう変えてきたか　その力・証拠・情熱」東京書籍（2011）
- 村上陽一郎「近代科学を超えて」講談社（1986）
- 山口栄一「死ぬまでに学びたい5つの物理学」筑摩書房（2014）
- レナード・ムロディナウ（水谷淳訳）「この世界を知るための人類と科学の400万年史」河北書房新社（2016）
- 和田純夫「アインシュタイン26歳の奇蹟の三大業績」ベレ出版（2005）

著　者

鴈野　重之　九州産業大学理工学部

教養としての　科学の歴史

2021 年 3 月 20 日　　第 1 版　第 1 刷　印刷
2021 年 3 月 30 日　　第 1 版　第 1 刷　発行

著　者　　　鴈野重之
発行者　　　発田和子
発行所　　株式会社　学術図書出版社

〒113-0033　　東京都文京区本郷 5 丁目 4 の 6
TEL 03-3811-0889　　振替　00110-4-28454
印刷　三松堂（株）

定価は表紙に表示してあります.

本書の一部または全部を無断で複写（コピー）・複製・転載することは，著作権法でみとめられた場合を除き，著作者および出版社の権利の侵害となります．あらかじめ，小社に許諾を求めて下さい.

©S. KARINO　2021　Printed in Japan
ISBN978-4-7806-0847-2　C3040